Hochverzug in der Baumwoll-Verarbeitung vom Rohstoff bis zum veredelten Gewebe

Von

Dr.-Ing. Walter Lindenmeyer

Mit 17 Tafeln im Anhang

MÜNCHEN UND BERLIN 1929
VERLAG VON R. OLDENBOURG

Druck von R. Oldenbourg, München

Meinem lieben Vater

Geh. Kommerzienrat Otto Lindenmeyer

in Dankbarkeit und Verehrung

gewidmet

Inhaltsverzeichnis.

Umrechnungen.

Zur Erleichterung der Ermittlung der verschiedenen Werte nach metrischen und englischen Einheiten gebe ich hier einige Umrechnungen:

a) **Längen:** 1 Yard = 0,91438 m.

1 Gebinde (Schneller) = 840 Yards = 768,096 m.

Der Umfang des englischen Haspels = 1,5 Yards = 4,37157 m.

Der Umfang des metrischen Haspels = 1,4286 m.

1 Zoll englisch (1″) = $1/_{36}$ Yard = 25,392 mm.

1 Zoll französisch = $\dfrac{1}{12}$ Fuß = $\dfrac{1}{72}$ Klafter (Toise) = 27,07 mm.

b) **Gewichte:** 1 lb = 453,59 g; 1 Pfund frz. = 500 g

c) **Numerierungen:** $N_f = \dfrac{1}{2 \cdot p}$; $N_e = \dfrac{1}{1,69338 \cdot p}$

$N_f = 1,1812 \, N_e$; $N_e = 0,8669 \, N_f$.

d) **Drahtzahlen (Güteverhältnisse)**

$a_f = 4,275 \cdot a_e$; $a_e = 0,244 \, a_f$

e) **Draht je Einheit:**

$t_{dcm} = a_f \cdot \sqrt{N_f}$; $t'' = a_e \cdot \sqrt{N_e}$.

Einleitung.

Seit der Erfindung des Walzenstreckwerkes durch Louis Paul, 1738, hielt sich die Größe der Verzüge in der Baumwollspinnerei im allgemeinen in geringen Grenzen, an welchen nicht gerüttelt wurde. Während sich früher nur einzelne Bestrebungen zur Erhöhung der Verzüge geltend machten, ist heute eine starke Bewegung hiezu im Gange. Im Hinblick auf die große Anzahl Stufen der Verfeinerung vom Ballen bis zum Faden wurden nach 1900 in allen Ländern, deren Spinnerei-Industrie auf der Höhe war, Versuche vorgenommen, sich der alten Fesseln zu entledigen, und durch Herbeiführung höherer Verzüge auf jeder Stufe die Anzahl Stufen zu vermindern, d. h. Maschinen zu sparen, oder bei Ausnutzung des vorhandenen Maschinenparks die Lieferung des Vorwerkes durch Herabsetzung der Vorgarn-Nummer so zu erhöhen, daß eine größere Anzahl von Feinspindeln gespeist werden konnte. Beide Verfahren laufen darauf hinaus, die Gestehungskosten der Gewichtseinheit des Gespinstes zu vermindern und so die Wirtschaftlichkeit des Betriebes zu steigern.

Verstärkt wurde dieses Bestreben durch die nach dem Kriege einsetzende, durch die Not gebotene Betriebsvereinfachung, so daß jetzt die Bestrebungen, höher als üblich zu verziehen, mehr Beachtung finden, als die in einzelnen Fabriken schon vorher angewandten Hochverzüge.

In der Fachpresse aller Länder wurden die Vor- und Nachteile der allgemeinen Einführung des Hochverzuges lebhaft erörtert, doch litten alle diese Veröffentlichungen daran, daß sie nur auf kritischen Beobachtungen der Güte der einzelnen Streckwerke beruhten und gar oft von den Maschinenfabriken beeinflußt waren, welche durch Ausnützung irgendeines Streckwerkes große Verdienstmöglichkeiten erhofften. Auch wurde, soweit die Literatur zu überblicken ist, nur die Güte des Fadens in Abhängigkeit von irgendeinem Streckwerk in Betracht gezogen und das Verhalten des Hochverzugsgarnes bei der weiteren Verarbeitung, also Umspulerei, Zettlerei, Weberei, Ausrüstung in keiner der veröffentlichten Untersuchungen behandelt. Ihnen gegenüber stellt die vorliegende Abhandlung eines von Erfindern, Vertretern und Maschinenfabriken Unbeeinflußten den über die bisherigen Grenzen erweiterten Versuch dar, über die Hochverzugsspinnerei und das Hochverzugsgespinst im Großbetrieb ein möglichst umfassendes Bild zu geben, weswegen ein Teil schon eingehend behandelter Fragen nur der Vollständigkeit halber in den Kreis der Betrachtung gezogen wurde. Daß eine Arbeit, die die Entwicklung des Gespinstes von der Karde

über die Weberei und die Veredlung kritisch verfolgt, in vielen Einzelheiten nicht den Anspruch auf Vollständigkeit machen darf, braucht
nicht weiter ausgeführt zu werden. — Ausdrücklich sei festgestellt,
daß die Frage, welchem Hochverzugstreckwerk der Vorzug zu geben
sei, nicht gelöst werden sollte, weil einerseits namhafte Bauarten, wie
die der Riemchen-Hochverzugstreckwerke, aus praktischen Gründen
nicht in Betracht zu ziehen verlangt wurde, und andererseits im Großbetrieb die günstigsten Arbeitsbedingungen für jeden Einzelfall nicht
mit unbeschränkter Sicherheit gewährleistet werden können.

Bei sämtlichen Versuchen wurde darauf geachtet, daß alle Maßnahmen zur Verbesserung der Ergebnisse nicht aus dem Rahmen des
Großbetriebes fielen, daß z. B. keine häufigere Reinigung der Maschinen
erfolgte, als die bisher übliche.

Die Verzüge sind mit Rücksicht auf die hohen Ansprüche an die
Garngüte des Betriebes, in dem die Untersuchungen durchgeführt wurden,
in verhältnismäßig engen Grenzen gehalten im Gegensatz zu den in Aus-
sicht gestellten hohen Verzugsmöglichkeiten in den Werbeblättern
vieler Maschinenfabriken, die nur von der Reißkraft des Gespinstes
reden, über die Zahl der Fadenbrüche beim Betrieb der betreffenden
Streckwerke jedoch schweigen.

Die Anregung, die vielbesprochene Frage der Anwendungsfähigkeit
des Hochverzuges einmal ganz umfassend zu behandeln, ging von Herrn
Prof. H. Brüggemann aus, der seine reichen Erfahrungen und wissen-
schaftlichen Rat in überaus fördernder Weise stets gern zur Verfügung
stellte.

Die sich über die Spinnerei, Weberei und Veredlung erstreckenden
Versuche wurden in den Werken der Mech. Baumwoll-Spinnerei und
Weberei Augsburg und der Firma Martini & Co. Augsburg, vorgenommen,
die in weitgehendem Maß die Durchführung der erforderlichen Arbeiten
förderten. Allen, die sich um das Zustandekommen der vorliegenden
Abhandlung durch ihre persönliche Mitwirkung einerseits und ver-
ständnisvolle Unterstützung andererseits Verdienste erworben haben,
gebührt der besondere Dank des Verfassers und aller an der Beantwortung
der Hochverzugsfrage anteilnehmenden Kreise.

Daß eine so umfangreiche Arbeit von einem einzelnen nicht allein
in kurzer Zeit geleistet werden konnte, ist eigentlich selbstverständlich,
doch wird dies nur angeführt, um hervorheben zu können, daß die
Einleitung der Versuche, deren Überwachung, Zusammenfassung und
Auswertung vom Verfasser allein vorgenommen wurde.

Die Zählung der Fadenrisse an der großen Anzahl der Maschinen
mußte den Arbeiterinnen bzw. Untermeistern überlassen werden. Die
Zerreißproben konnten nur von einer eingeübten Person ausgeführt werden.

Sämtliche Tafeln und Zeichnungen wurden vom Verfasser selbst
zusammengestellt und nach seinen Angaben ausgeführt.

I. Teil.

A. Die Festlegung des Begriffes „Hochverzug".

Bevor der Begriff Hochverzug festgelegt wird, muß kurz erwähnt werden, was unter dem Ausdruck „Verzug" im allgemeinen verstanden wird.

Verzug ist gleichbedeutend mit Verfeinerung, d. i. die Verringerung der Faserzahl im Querschnitt des Spinngutes, die durch die Steigerung der Umfangsgeschwindigkeiten der aufeinanderfolgenden Walzenpaare III, 3 — II, 2 — I, 1 (Abb. 1_1) eines Streckwerkes erreicht wird. Die Größe des Verzuges ist das Verhältnis der Anzahl Fasern im Eingut zu der des Ausgutes, oder die unbenannte Zahl, welche angibt um wieviel mal 1 m Ausgut leichter ist als 1 m Eingut, oder um wieviel mal größer die auf 1 g gehende Auslänge als die auf 1 g gehende Einlänge ist, oder um wieviel mal größer die aus dem Streckwerk austretende Länge in bezug auf die in derselben Zeit eintretende ist.

Mit Hochverzug wird in der Spinnerei jede Überschreitung der bis in das Jahr 1900 üblichen Verzüge bezeichnet. Als Höchstgrenze der mit 3 Zylinder-Streckwerken ausgerüsteten Spinnmaschinen erreichbaren Verzüge werden genannt (1÷6) für:

indische Baumwolle	. . . .	7 Kette,	9 Schuß	(2, S. 122)
amerikanische Baumwolle	. .	8 „	11 „	
ägyptische Baumwolle	. . .	11 „	14 „	
Sea Island-Baumwolle	. . . .	15 „	16,73 „	(4).

Je länger die Faser ist, desto höher läßt sich die Fasermasse verziehen. So beträgt z. B. für indische Baumwolle von 12÷22 mm der Höchstverzug 7÷9 und für Schappe von 150 mm Länge der übliche Verzug zwischen 20 und 30 (5,6).

Oger (7) berichtet, „daß er auf vierzylindrigen Strecken 15÷16 und selbst mehr verziehen sah. Manche Fasern wurden zum Teil ermüdet und zerrissen, was auch eine Fachung, die im Verhältnis zum Verzug stehen würde, nur unvollkommen verhindern könnte."

Alcan (8) gibt als Verzug der vierzylindrigen Strecke für die Herstellung der Garne Nf = 30÷40 als Grenze 6 für die indische Baumwolle, 8 im Durchschnitt für die amerikanische, und sagt „aber für letztere kann der Verzug auf 10 und 20 erhöht werden. Setzen wir voraus, daß es sich handle um die Vorbereitung für einen guten Schuß

36/38 französisch mit Luisianabaumwolle, zweimal kardiert, so verziehe man auf der ersten Strecke $10 \div 11,33$, auf der zweiten $16 \div 17$ und auf der dritten $18 \div 20$. Auch könnte man auf allen drei Strecken $14 \div 15$ fach verziehen. Die Fachungen hängen von der Nummer ab, die man zu erhalten wünscht; gewöhnlich entsprechen sie ungefähr den Verzügen."

Nach dem Stand der Technik von 1900 fallen alle Verzüge, welche über die nachgewiesenen üblichen hinausgehen unter den Begriff „Hochverzug".

B. Die Mittel zur Verwirklichung des Verzuges.

a) Die Bestandteile der Streckwerke.

Diese sind: 1. Die Vorgutsaufstapelung — entweder Töpfe, in denen die Bänder enthalten sind, oder Aufsteckrahmen, auch Gatter genannt, in die die Spulen lotrecht aufgestellt werden; 2. die Zufuhreinrichtung des Vorgutes — gebildet aus einem Vorgutfänger und einem Walzenpaar III, 3 (Abb. 1_1), dessen Oberwalze abhebbar und durch ihr eigenes Gewicht oder durch Hänge- oder Hebelgewichte vermehrt auf die zwischen beiden Zylindern 3, III durchgehende Fasermasse wirkt; 3. das Verzugsfeld — die von der Faserschicht eingenommene geradlinige oder gebrochene Ebene; 4. die Beförderungsmittel der Fasermasse durch das Verzugsfeld — entweder z. B. 1 Zylinderpaar III, 3 — II, 2 — I, 1, deren Mittelzylinder II entweder nur eine Oberwalze 2 (Abb. 1, 2_1) $(9 \div 11)$ oder zwei Oberwalzen 2_1, 2 (Abb. 3_1) $(12 \div 14)$ trägt, die um so einwandfreier die Streckebene stützen und die Fasern befördern, je kleiner die zwischen ihnen notwendigen freien Räume sind, oder 2. ein nur im Bereich des Riffelzylinders wirkenden Ledermuff 5 (Abb. 4_1) (15). welcher den Riffelzylinder II unterhalb oder über ihm 1 (Abb. 5, 6_1) (16) umspannt und über Leitrollen $7''$, $8''$, $9''$ (Abb. 4_1), bzw. 2, 2_1 (Abb. 5, 6_1), oder 3. eine Lederhose 5 (Abb. 7, 8_1) (17, 18) mit über den Wirkungsbereich der Riffelwalze III sich erstreckender Faserführung geht, oder 4. zwei Ledermuffe 5, 6 (Abb. $9 \div 11$) (19), die über Zylinder II, 2 und die Führungen $10''$, $11''$, 12, 13, gespannt sind —, alle diese Mittel durch Zahnradübersetzungen so angetrieben, daß jede folgende Fördereinheit, z. B. I, 1 (Abb. 1_1), eine größere Entwicklung in derselben Zeit als die vorhergehende (II, 2) hat, wodurch die Fasermasse verfeinert, verzogen, gestreckt wird; und 5. die Sammeleinrichtung für das fertig verzogene Gut, die sich nach der Aufwindeform für das Fertiggut richtet. Das durch einfaches Verdichten des Vlieses im Trichter genügend für das Sammeln und Abwickeln gefestigte Band der Strecken wird im Drehtopf in sich kreisförmig folgenden Schraubenlinien gesammelt. Bei den übrigen Maschinen muß das Faserband durch eine Drehung um sich selbst widerstandsfähig gemacht werden, und als Lunte (ein wenig gedrehtes Fasergebilde) wird es auf Hülsen in parallel zur Längsachse der

Hülse verlaufenden Schraubenlinien in hin- und hergehenden Schichten als Spule aufgewickelt, oder als Faden (ein festgedrehtes Fasergebilde) auf Hülsen in auf einer zur Achse geneigten Linie angeordneten Schraubenlinien als kegelige, auf- und abgehende Schichten zum Kötzer ausgebildet (1).

Die aus Zylinderpaaren III, 3 — II, 2 — I, 1 (Abb. 1_1) bestehende Fördervorrichtung ist als einfachste am meisten in Gebrauch. Um das Streckfeld gut stützen zu können, muß die Entfernung der aufeinanderfolgenden Zylinderklemmlinien kleiner als die längste Faser sein und dabei das Gewicht der Oberwalze 2 (Abb. 2_1) ein Durchziehen der Fasern durch das Zylinderpaar 2, II ohne verletzt zu werden, gestatten. Ist die Belastung so groß, daß die Fasern nicht ohne zerrissen zu werden aus der Klemmlinie 2, II (Abb. 1_1) gezogen werden können, so arbeitet das Zylinderpaar mit Klemmschluß. In jedem Streckwerk muß das Zuführzylinderpaar, z. B. III, 3 und das Lieferzylinderpaar I, 1 klemmend schließen, während die zwischen ihnen angeordneten Beförderungsmittel, Zylinderpaar II, 2 (Abb. 1, 2_1), oder Laufleder 5, 6 (Abb. $4 \div 11_1$) klemmend oder gleitend arbeiten können.

b) Die Neigung des Streckwerkes in bezug auf die Stellung des Wickelgebildes.

Das Wickelgebilde liegt entweder in der Streckebene, und zwar a) in geradliniger Verlängerung des austretenden Gutes (Hartfaserspinnerei), oder b) senkrecht zu dieser Richtung (Nitschler der Kammwoll-, Schappe- und Ramievorspinnerei), oder in einem stumpfen Winkel (Selbstspinner), oder in einem fast rechten Winkel zur Streckebene (Stetigspinner).

Zur Drahterteilung mittels lotrechter Spindeln muß das austretende Faserbändchen 0 (Abb. 12_1) sehr stark aus der Ebene des Streckfeldes abgelenkt werden. Hierdurch umspannt es den Auszylinder I in einem Bogen vom Winkel u, auf dem die Fasern ihre parallele Lage aus dem Streckfeld beibehalten, weil der Draht infolge ihrer Reibung auf dem Riffelzylinder I sie nicht zusammenführen kann.

Um das dadurch verursachte Reissen des Fadens in der Nähe der Klemmlinie zu vermeiden, ist das Streckfeld der neuen Ringspinner um den Winkel s (Abb. 1_1) nach vorn geneigt, so daß der Umschlingungswinkel u (Abb. 1, 12_1) möglichst gering ausfällt und so die Zahl der Fadenrisse verringert wird. Bei den Ringspinnern mit geneigtem Streckwerk und geneigten Spindeln (20, 21) ist der Umschlingungswinkel $u = 0$, wodurch sich der Draht des Fadens bis zur Walzenklemmlinie erstrecken und die austretende Lunte der größtmöglichen Zugbeanspruchung widerstehen kann.

Wird der Oberwalze 1 (Abb. 13_1) eine Klemmdruckwalze 1_1 vorgelagert (22) und die Ringspindel in die Richtung des Fadens 0 verlegt,

so ist auch die Möglichkeit gegeben, den Umschlingungswinkel zu beseitigen; doch ist für die vorne neu angeordnete Walze 1_1 eine etwas
umständliche Anpreßvorrichtung nötig und das Ansetzen zerrissener Fäden
äußerst schwer, weshalb sich diese Ausführung nicht durchsetzen konnte.

Je geringer also der Umschlingungswinkel u oder je größer die
Neigung s des Streckwerkes ist, desto weniger Fadenrisse erfolgen. Die
Neigung des Streckfeldes hat jedoch ihre Grenzen, die bei Schappe-
Ringspinner 75⁰, bei Baumwoll-Ringspinner 35⁰ und bei Kammwoll-
Ringspinner bis zu 45⁰ betragen. Besonders für Durchzugstreckwerke
mit selbstbelastenden Walzen wird die mit wachsender Neigung des ganzen Streckwerkes zunehmende Seitenkraft h eine starke Vergrößerung
der Reibung zwischen den Zapfen und deren Führungen zur Folge haben,
wodurch die Walzen 2 leicht stehen bleiben.

Schon frühzeitig wurde deshalb ein Ausweg beschritten, der die
Verringerung des Winkels u (Abb. 12_1) bei wagerechten Zylinderpaaren
II, 2 — III, 3 — erlaubte, in dem das Auszylinderpaar I, 1 (Abb. 14_1)
unterhalb des Walzenpaares II, 2 angeordnet wurde (23, 24). Hierdurch
wird das Streckfeld in einem Winkel w gebrochen.

c) Das Klemmstreckwerk.

Beim Klemmstreckwerk III, 3 — II, 2 — I, 1 (Abb. 1_1) ist der geringste Klemmlinienabstand etwas größer als die Durchschnittslänge
der längsten Fasern, weswegen die Zahl der nicht geführten, zwischen
den beiden Zylinderpaaren in den längeren Fasern „schwimmenden"
kürzeren Fasern ziemlich groß ist. Daher darf der Übergang der Faser-
geschwindigkeit von einem Zylinderpaar zum anderen nicht zu groß
sein, weil sonst die nicht geführten Fasern von den bereits vom folgenden
Paar erfaßten ohne Übergang plötzlich mitgerissen werden könnten.
Das so entstehende Gespinst wäre infolge seiner großen Ungleichmäßigkeit für bessere Gewebe unbrauchbar (2).

Der Verzug läßt sich jedoch steigern bei langstapeligen Fasermassen
durch die Ausscheidung der kurzen Fasern durch das Kämmen und bei
allen Streckwerken durch die Verringerung des Zylinderabstandes
II, 2 — I, 1, weil durch beide Maßnahmen die Anzahl der schwimmenden
Fasern vermindert wird.

Eng verbunden mit dem Begriff Hochverzug ist also die Verringerung der schwimmenden Fasern durch Sicherstellung der Faserband-
führung bis nahe an die Klemmlinie des Auszylinderpaares.

d) Die Durchzug- oder Gleitstreckwerke für gewöhnliche Verzüge.

Ermöglicht wird die Verringerung der schwimmenden Fasern durch
das Durchzugstreckwerk, bestehend in der Anordnung einer Brücke 14
(Abb. 12_1) (25) mit oder ohne oberer Leichtwalze 15″ zwischen den
Zylinderpaaren I, 1 und II, 2, oder aus den beiden Klemmzylinder-

paaren III, 3 (Abb. 2_1) und I, 1 und dem mittleren dünnen Gleitzylinderpaar II, 2, oder dem Unterzylinder II (Abb. 3_1) mit zwei Walzen 2, 2_1, deren Oberwalze 2 so leicht ist, daß die längeren Fasern unbeschädigt durch die Berührungslinie II, 2 hindurchgleiten können, während die kürzeren, die jedoch länger als der Abstand I, 1 — II, 2 sind, noch zurückgehalten werden (12).

Das Durchzugstreckwerk mit den üblichen Verzügen ist schon lange bekannt in der Baumwollspinnerei, der Kammgarn-, der Flachs-, und der Schappespinnerei. Im Vorwerk sowohl auf der Feinspinnmaschine sind z. B. für Schappe laufend hohe Verzüge, gemessen an der in der Baumwollspinnerei üblichen, angewandt worden. Je nach Faserlänge und Garnnummer werden hier Verzüge bis über 30 (5, 6) vorgenommen, ohne daß diese deshalb als Hochverzüge, d. h. über das übliche Maß hinausgehende Verzüge, für die Schappe anzusprechen sind. Auch auf den Selbstspinnern sind für Kammwolle Verzüge bis 20 möglich (4).

In der Baumwollspinnerei wurde und wird für niedere Verzüge das Durchzugstreckwerk als Streckwerk mit leichter Selbstbelastung (Oberwalze 2 aus Buchsbaumholz (26), Metallhohlwalze (27) des mittleren Zylinderpaares II, 2 und einem kleineren Abstand von der Klemmlinie des Auszylinderpaares I, 1 als die höchste Faserlänge, in der Absicht, ein besseres Gespinst zu erzielen, oft gebraucht (2, S. 65, 127, 128), weil es durch die mit ihm ermöglichte Verkleinerung des Abstandes der Berührungslinien zwischen den Riffelzylindern II, I und den Oberwalzen 2, 1 unter die höchste Faserlänge die Verringerung der schwimmenden Fasern gestattet.

Zur Erteilung des Druckes auf das Auszylinderpaar I, 1 (Abb. 2_1) und das Einzylinderpaar III, 3 wurde schon vor 1900, mit Vorteil, selbst bei niedern Nummern die belederten Druckwalzen 1, 3 (Abb. 15_1) von kleinem Durchmesser durch einen von der ersten Oberwalze 1, auf die dritte Walze 3 gehenden Sattel 16 mit Druckhaken 17 verbunden. Der mittlere Zylinder 2 ist eine Eisenwalze, die ein Durchgleiten der Fasern zuläßt. In diesem Fall kann man den Zylinder II sehr nahe an den Zylinder I regeln, wodurch ein glattes, gleichmäßiges Garn erzielt wird.

Diese Anordnung wurde getroffen, um das Einführen der Lunte ohne Abheben der hinteren Druckwalze 3, was bei großem Durchmesser von 3 (Abb. 1_1) nötig ist, zu gestatten, denn während der Abhebung wird ein regelrechter Verzug der vom gleichen Druckzylinder mitbelasteten Lunte vereitelt, diese geht ganz durch und reißt dann ebenfalls ab (2, S. 65).

e) Die Durchzug- oder Gleitstreckwerke für hohe Verzüge.

Neu ist nach 1900 die Erkenntnis, daß die Durchzugsstreckwerke für alle Gespinstfasern, besonders aber für Baumwolle, zur Erhöhung der Verzüge verwendet werden können.

Durch Veröffentlichung bekannt gewordene Träger dieses Gedankens waren:

In Frankreich Albert Meyer (15), Ingenieur in Lyon, der mit A. Raillac bereits im Jahre 1903 ein französisches Patent auf ein Hochverzugstreckwerk erhielt, dessen Rückhaltung aus einem angetriebenen, großen, geriffelten Oberzylinder II (Abb. 4_1) und einem darunter angeordneten endlosen Riemchen 5 bestand, um die Fasern 0 bis dicht vor den Klemmpunkt des Auszylinderpaares I, 1 zu führen und die kürzeren zurückzuhalten.

In Spanien Casablancas (19), der im Jahre 1910, um den Hochverzug ausführen zu können, das Zuführ- und Rückhaltezylinderpaar III, 3 — II, 2 (Abb. 1_1) durch ein Paar Laufleder 4, 5 (Abb. 9_1) ersetzte, welche die kürzeren Fasern bis in allernächste Nähe des Auszylinderpaares I, 1 führten und sie noch genügend klemmend zurückhielten. Daß mit diesem Riemchenstreckwerk hohe Verzüge erreicht werden sollen, steht in der Patentschrift nicht, wohl aber in einer Abhandlung darüber in der englischen Fachzeitschrift „The Textil Manufacturer" vom 25. Dezember 1913 (28).

In Italien Fr. Cesoni und A. Lirussi (12. Februar 1914) (9), Gilardoni (30. März 1914) (10) und G. Palazzo (20. Juni 1914) (12).

In Deutschland F. Jannink (30. März 1915) (11), welche den Hochverzug auf dem Dreizylinderstreckwerk dadurch erzielten, daß sie eine (Abb. 2_1) oder zwei leichte Walzen 2, 2_1 (Abb. 3_1) auf den mittleren Riffelzylinder II anordneten, die Klemmlinienentfernung II, 2 — I, 1 kleiner als die Stapelhöchstlänge machten und die Räderübersetzung von I auf III bedeutend kleiner als bisher üblich ausbildeten.

Nur die mit diesen Walzen-Hochverzugstreckwerken, bzw. ihren Abarten, gesponnenen Garne werden in dieser Arbeit in Betracht gezogen.

C. Betrachtungen über die Verzüge, die Verdünnung, den Einfluß des gebrochenen Streckfeldes, die Gefahr der Verschlechterung der Faseranordnung im Garn durch hohen Verzug, Mittel zur Hebung der Güte der Faseranordnung im Faden, starre oder einstellbare Zylinderabstände und die Gleitwalzenausführungen.

a) Gesamtverzug — Einzelverzüge.

Zur Verfeinerung des Vorgutes bestehen die in der Baumwollspinnerei verwendeten Streckwerke — von der Zweizylinderabfallspinnerei abgesehen — aus mindestens drei Zylinderpaaren, III, 3 — II, 2 — I, 1 (Abb. 1_1), wovon die beiden hinteren III, 3 — II, 2 entweder dieselben oder verschieden große Längen entwickeln, während das vordere Zylinderpaar I, 1 stets eine größere Länge als das mittlere II, 2 liefert.

Der Bruch aus Auslänge geteilt durch Einlänge heißt Verzug. Im ersten Fall ist nur ein Verzug, im letzten sind zwei Verzüge möglich. Diese nennt man Einzelverzüge, und zwar den geringeren zwischen dem Mittelzylinderpaar II, 2 und dem Einzugzylinderpaar III, 3 den Vorverzug und den größeren zwischen Auszugzylinderpaar I, 1 und Mittelzylinderpaar II, 2 den Hauptverzug. Das Produkt der Einzelverzüge ergibt den Gesamtverzug des Streckwerkes, d. h. den zwischen Auszylinderpaar I, 1 und Einzylinderpaar III, 3.

Es kann nun unterschieden werden zwischen Streckwerken ohne strenge Unterteilung des Gesamtverzuges in Einzelverzüge und Streckwerken mit vollkommen getrennten Einzelverzügen.

b) Der Vorverzug.

Ein wirklicher Vorverzug findet nur statt, wenn im Streckwerk mindestens drei Klemmstellen III, 3 — II, 2 — I, 1 (Abb. 1_1) vorkommen, deren Klemmdrücke so groß sind, daß ein Durchziehen der Fasermasse durch die Klemmstelle nicht möglich ist.

Die Aufgabe des Vorverzuges ist es, die Fasern aus dem Zustand gegenseitiger Ruhe, in dem sie sich vor Eintritt ins Streckwerk befinden, allmählich in gegenseitige Bewegung zu bringen, wodurch die Reibung der Ruhe in die geringere Reibung der Bewegung verwandelt wird. Der Hauptverzug wird so bedeutend erleichtert, weil die vom Vorverzug verwirklichten geringen Geschwindigkeitsunterschiede der Einzelfasern nur vergrößert zu werden und nicht plötzlich einzutreten brauchen.

Die vorbereitende Geschwindigkeitssteigerung der Fasermassen im Vorverzugsfeld ermöglicht ein sanftes Auflockern der infolge der Vorluntendrehung sich umschlingenden Fasern, wodurch die Gefahr des Herausreißens ganzer Faserbündel aus dem Vorgut bei großer Geschwindigkeitssteigerung und damit das Entstehen von Schnitten vermieden wird.

Der Vorverzug verringert die Anzahl der Drehungen der Vorlunte auf die Längeneinheit, wodurch die zusammengedrehten Fasern aus ihrer verschlungenen Lage langsam in Form einer schmalen, weichen Locke von geringer Drehung angeordnet werden.

Der Vorverzug darf jedoch nur soweit gehen, daß die Drehung der Vorlunte leicht aber nicht vollkommen aufgelöst wird. Wird nämlich im Vorverzugsfeld die Drehung der Lunte noch bis zu einem gewissen Grad erhalten, so bewirkt dieser Draht beim Anspannen des Faserbandes eine sehr erwünschte Verringerung der Luntenbreite (29).

Außerdem teilt der Vorverzug den Gesamtverzug in 2 Teile, wodurch der Hauptverzug niedriger gewählt werden kann, wenn ein bestimmter Gesamtverzug erzielt werden soll.

Beim Dreizylinderdurchzugstreckwerk I, 1 — II, 2 — III, 3 (Abb. 2_1) läßt sich ein wirklicher Vorverzug nicht erzielen. Es sind nur 2 Klemmstellen Aus- und Einzylinder I, 1 — III, 3 vorhanden und die Geschwindigkeit der vom Auszylinderpaar I, 1 erfaßten Fasermassen ist so groß, daß sie unter dem leichten Mittelroller 2 durchzogen werden, wodurch sich das Hauptverzugsfeld bis zum Einlaufzylinderpaar III, 3 ausbreitet.

Soll bei leichter Mittelwalze 2 (Abb. 2_1) ein Vorverzug durchgeführt werden, so ist der Unterzylinder II so groß zu wählen, daß auf ihm zwei Oberwalzen (Abb. 3_1) (13 u. 30) angeordnet werden können. Der nötige Klemmdruck kann erzielt werden durch das Eigengewicht der Walze 2_1 allein (Abb. 16_1) (12, 30) oder durch eine Zusatzbelastung durch einen Sattel 17 (Abb. 15_1) (2) oder durch eine verbesserte Sattelbelastung 18, 18, 19—20^x, 21, 22—22, 23—24_0 (Abb. 17_1) (31), die durch Zurück klappen von 18, 19 um 20^x ein Abheben der Mittelwalze 2 gestattet, ohne die Vorderwalze 1 entlasten zu müssen und Fadenrisse herbeizuführen, oder durch eine Seitenkraft 3_1 (Abb. 18_1) (32) des Gewichtes der Walze 3. Die Kraftübertragung auf die Zapfen der Walze 2_1 findet durch die Druckstege 25 statt, die in den Führungen 26 liegen. Statt dessen kann auch hinter dem 3. Zylinderpaar III, 3 ein weiteres Zylinderpaar IV, 4 angeordnet werden (Abb. 19) (33) — (Abb. 20) (34) — (Abb. 21) (32) — (Abb. 22) (35) — (Abb. 23) (36), dessen Abstand vom Klemmwalzenpaar III, 3 größer als die längste Faser ist.

Wird dem Lauflederstreckwerk Abb. $4 \div 6_1$ und $8 \div 11_1$ ein Zufuhrzylinderpaar III, 3 beigegeben und die Belastung der Oberwalzen 3 so gesteigert, daß die Fasern zwischen 3, 6, 5, III gleitlos geklemmt werden, so kann zwischen II, 2 und III, 3 bei größerer Entwicklung von II, 2 ein Vorverzug stattfinden und trotzdem werden die kurzen Fasern beim Hauptverzug durch die Laufleder 5, 6 bis dicht vor die Klemmlinie I, 1 geführt und zurückgehalten.

c) Die Größe des Vorverzuges.

Über die Größe des Vorverzuges liegen eine große Reihe Versuche vor (37), deren Ergebnisse dahin zusammengefaßt werden können, daß beim gewöhnlichen Dreizylinderklemmstreckwerk (Abb. 1_1) ein größerer Vorverzug als 1,1 schädlich ist, während bei Hochverzugsstreckwerken mit Vorverzügen (Abb. 10, 11, $14 \div 18$) ein größerer Vorverzug sich vorteilhaft erweist. Dies ist wohl darauf zurückzuführen, daß bei diesen Streckwerken die Faserführung im Hauptverzugsfeld eine bessere ist, als beim Klemmstreckwerk.

Aus Garnen, die auf einem gewöhnlichen Hochverzugs-Vierzylinder-Streckwerk mit wenig schwerer Druckwalze 3 (Abb. 19_1) (33) gesponnen wurden, ist durch 28800 Reißversuche (37) festgestellt worden, daß ein Vorverzug von 1,33 gegenüber 1,08 keine schlechteren Ergebnisse hat. Bei einem Hochverzugs-Vierzylinderstreckwerk, dessen Oberwalze 3 klemmend auf den Unterzylinder III wirkt, ergab ein Vorverzug von 1,25 eine sogar unwesentliche Steigerung der Garnfestigkeit gegenüber

1,04. Aus 17280 Einzelversuchen (37) von Garnen, die mit dem Streckwerk Abb. 10₁, 11₁ (38) hergestellt wurden, geht deutlich hervor, daß ein Vorverzug von 1,35 bis 1,67 am günstigsten arbeitet.

Eine englische Maschinenfabrik (33) empfiehlt für ihre Vierzylinderstreckwerke nach Abb. 19₁ einen Verzug von 1,06÷1,07 zwischen der 3. und 4. Zylinderreihe und 1,25 zwischen der 2. und 3. Zylinderreihe (1,07 × 1,25 = 1,34); letzteres besonders, um den Hauptverzug entsprechend herabsetzen zu können. Im Gegensatz hierzu sollen praktische Versuche die Notwendigkeit ergeben haben, mit dem Verzug zwischen den beiden Mittelzylinderpaaren nicht über 1,02 bis 1,05 zu gehen. „Verzüge an dieser Stelle mit 1,2 oder gar 1,3 bis 1,4 sind nicht nur unzweckmäßig, sondern haben sich in der Praxis als nachteilig erwiesen" (39). Sind die Vierzylinderstreckwerke als Gleitstreckwerke ausgebildet, d. h. läßt die Walze 3 die Fasern durchgleiten, so lassen sich, weil eine Klemmung im 2. und 3. Zylinderpaar nicht stattfindet, Einzelverzüge zwischen den Zylinderpaaren II÷III und III÷IV überhaupt nicht erzielen.

d) Der Hauptverzug und die Verdünnung.

Bekanntlich wird im Streckwerk das Vorlageband im Verhältnis der Auslauf- zur Einlaufgeschwindigkeit auseinandergezogen, d. h. verzogen. Der Gesamtverzug ist demnach der unmittelbare Maßstab für die Verdünnung (29). Weil die Vorverzüge für die verschiedenen Streckwerkausführungen festgelegt sind, so wird bei einer Änderung der Garnnummer immer nur der Hauptverzug gewechselt werden.

e) Der Einfluß des gebrochenen Streckfeldes.

1. Das nach oben gebrochene Streckfeld.

Der Gedanke des gebrochenen Streckfeldes (Abb. 14, 22, 23) hat in neuerer Zeit beim Bau von Durchzugstreckwerken Anwendung gefunden. Hiebei wird für Durchzugstreckwerke ein wichtiger Vorteil erreicht, der ohne weiteres einleuchtet, wenn man von folgendem Gedankengang ausgeht:

Die Fasern nehmen bei Verlassen des zweiten Walzenpaares II, 2 (Abb. 2₁) nicht allmählich die Auslaufgeschwindigkeit an, sondern plötzlich in dem Augenblick, in welchem sie vom Auszylinderpaar I, 1 erfaßt werden.

Je nachdem nun mehr oder weniger, längere oder kürzere Fasern erfaßt werden, wirkt ein stärkeres oder schwächeres Zupfen auf die nachfolgenden Fasermassen. Das Mitreißen dieser Fasermassen zu verhindern ist Aufgabe des Mittelzylinderpaares II, 2, und zwar soll die zurückhaltende Wirkung, d. h. der Klemmdruck der Mittelwalze, je nach der Stärke des Zupfens größer oder kleiner sein.

Wird im Streckwerk Abb. 24$_1$ die durch starkes Zupfen erzeugte Spannung $P-P$ und der durch sie auf den Unterzylinder II verursachte Druck R kleiner, so verringert sich auch dieser Druck. Wir haben also hier die „einfachste, selbsttätig regelnde, nie versagende Faserhemmung" (39).

2. Das nach unten gebrochene Streckfeld.

Ein besonderes Kennzeichen dieses Streckwerkes besteht — nach Angabe des Herstellers (40) — darin, daß der mittlere Riffelzylinder II (Abb. 25$_1$) so tief liegt, daß der Faden zwischen dem vorderen I, 1 und dem hinteren Zylinder III, 3 in einer nach unten gebrochenen Linie läuft und die mittlere Oberwalze 3 ein kurzes Stück weit bogenförmig umfaßt, wodurch sich eine kleine Seitenkraft R nach oben ergibt. „Das straff gespannte Garn hat daher das Bestreben, die mittlere Oberwalze 3 in ihren Gleitlagern zu heben. Die Walze kann daher schwerer als z. B. bei dem Janninkschen Streckwerk gehalten werden, ohne daß eine zu starke Klemmung des Fadens eintritt. Diese Gewichtsvermehrung ist für ein recht gleichmäßiges Anliegen und Laufen der mittleren Oberwalze und damit für eine gute Fadenbildung im Streckwerk außerordentlich günstig, da der sogenannte Drehungsimpuls nicht auftritt."

Um den als „besonderes Kennzeichen" angeführten Fehler der nach oben wirkenden Seitenkraft R muß (nicht kann) der Mittelroller schwerer gewählt werden. Dabei kann aber die Walze 3, niemals so schwer ausgeführt sein, daß infolge der Massenträgheit eine unregelmäßige Drehbewegung vermieden wird. Ist das Faserband dünn, so wird das Walzengewicht auf wenig Fasern verteilt eine Klemmung hervorrufen und Faserrisse können eintreten. Ist die Fasermasse dick, so wird die Walze infolge der großen Elastizität der Fasermasse zu tanzen anfangen und das Entstehen von Grobfäden begünstigen.

Das Hauptverzugsfeld wird sich leicht bis zum Hinterzylinder ausdehnen und ungleichmäßiges Garn wird die Folge sein, da der Hinterzylinder viel zu weit entfernt ist, als daß das aus ihm austretende Fasergut imstande ist, die vom Auszylinder erfaßten Fasern führend zurückzuhalten. Jeder Andreher wird, unverzogen durchgerissen, die Oberwalze aufheben. (Siehe auch 41.)

3. Das doppelt gebrochene Streckfeld.

Auch die Ausführung nach Abb. 26$_1$ (35) stellt wegen der doppelten Brechung des Streckfeldes zwischen II, 2 — I, 1 eine sehr ungünstige Form des gebrochenen Streckfeldes dar, die eine Abänderung notwendig machte. „Vorder- und Mittelroller wurden in eine ganz andere Lage gebracht, nämlich senkrecht zur gemeinsamen Tangente ihrer Zylinder. Jetzt erst zeigte sich die große Überlegenheit des nach **oben** gebrochenen Streckfeldes, nachdem die S-linienartige Führung der Fasern beseitigt war" (39).

Die Empfehlung des wenig gebrochenen Streckfeldes steht zwar im Gegensatz zu der vielfach vertretenen Ansicht, daß alle Zylinderpaare I, 1 — II, 2 (Abb. 19₁) (33) in ihren Klemmpunkten eine gemeinsame Tangente besitzen müßten, um keine Richtungsänderung des Faserbändchens eintreten zu lassen, weil dadurch eine Abspaltung von Fasern verursacht würde.

Hiezu ist zu bemerken, daß die richtige Brechung des Streckfeldes nur sehr gering ist und die Fasern, die zunächst in der alten Richtung höher als die Verzugslinie laufen (Abb. 22₁) durch ihr Eigengewicht wieder in die Bahn des Streckfeldes zurückkehren, so daß hierdurch die Vorteile des nach oben gebrochenen Streckfeldes wohl kaum in Frage gestellt werden können.

f) Die Gefahr der Verschlechterung der Faseranordnung im Garn durch hohen Verzug.

Rechnen wir mit einer Faserfeinheit von $N_e = 2400$, so dürften rund 41 Fasern auf einen Millimeter hart aneinandergelegt Platz haben (29).

In N_e 0,9 wären demnach 2670 Fasern vorhanden.

Spinnt man aus N_e 0,9 N_e 36 mit 40fachem Verzug, so hat man bei einer 40fachen Verdünnung der Vorgarnlunte 0,9 statt 2670 nur noch 67 Fasern im auslaufenden Band. Die Bandbreite zwischen den Streckzylindern beträgt 4,3 mm, so daß also ungefähr 16 Fasern auf einen Millimeter treffen, während 41 Fasern auf einem Millimeter Platz hätten. — Lägen die Fasern in der Längsrichtung alle parallel, so wäre zwischen je zwei Nachbarfasern ein Zwischenraum von 2 Faserdicken. — Ohne die von der Vorgarndrehung verursachte Fasernkreuzung könnte also in dem 40mal verdünnten Faserband eine Berührung und damit ein Zusammenhang der nebeneinanderliegenden Fasern beim Austritt aus dem Vorzylinder nicht mehr bestehen. Bei kürzerem Stapel wird dies besonders an den Faserbandkanten, wo die Fasern noch dünner verteilt sind, der Fall sein und einen Verflug der kurzen Fasern zur Folge haben. Die äußersten Fasern werden sich abspalten und, sofern sie mit in den Faden eingedreht werden, zu einem rauheren, haarigen Aussehen des Fadens Anlaß geben.

Beim Maschinenspinnen (im Gegensatz zum Handspinnen) wird das vom Streckwerk gelieferte Faserband zu einer korkzieherartigen Schraube soweit zusammengedreht bis durch gegenseitige Berührung der Fasern im Band und der Bandflächen ein möglichst runder, geschlossener und haltbarer Faden entsteht.

Der Vorgang ist ganz ähnlich wie beim Spinnen von Papierrundgarn aus Papierstreifen.

Die Faserbandbreite b (Abb. 27₁), für welche im fertigen Faden verfügbarer Raum vorhanden ist, wird berechnet als $b_1 = U \cdot \sin c$.

Hierin bedeuten: U = Fadenumfang = $3{,}14 \cdot d$ (Durchmesser des Fadens durch Messung bestimmt), c = Steigungswinkel, zu berechnen aus: $\operatorname{tg} c = \dfrac{H}{U}$, worin H = Ganghöhe = $\dfrac{1}{t}$, t = Drehungen je Längeneinheit (gegeben für jede Garn-Nr.). Hieraus wird $\sin c$ bestimmt und die Werte in die obige Formel für b eingesetzt.

Die auf diese Weise berechnete Faserbandbreite b, wird stets überschritten; das aus dem Streckwerk kommende Faserband ist breiter als die berechnete zulässige Faserbandbreite. Infolgedessen muß die unter den Streckzylindern vorhandene Faserbandbreite durch Zusammendrängen der Fasern und Umlegen des Bandes verringert werden.

Beispiel: Aus Vorgarn N_e = 6,0 soll ein Garn N_e = 36 gesponnen werden.

Unter Benützung der Tabellen (29) ist:

Vorgarn-Nummer N_e = ... 6,0
Breite der Lunte zwischen den Einzugwalzen . . 1,27 mm
Dicke „ „ „ „ „ . . 0,71 „
Breite des Faserbandes zwischen den Auszugzylindern . . . . 1,4 „

Feingarn-Nummer N_e = ... 36,0
Drehungen auf $1''$ engl. t = ... 24
Faden-Durchmesser d (gemessen) . . . . 0,186 mm
Faden-Umfang $U = d \cdot 3{,}14$ = ... 0,584 „
Ganghöhe $H = \dfrac{1''}{t} = \dfrac{25{,}4}{24}$ = ... 1,058 „
$\operatorname{tg} c = \dfrac{H}{U}$ = ... 1,82
$c = 61$; $\sin c$ = ... 0,8746
Verfügbarer Raum im Faden $b_1 = U \cdot \sin c$ = . . 0,51

Ein Zusammendrängen auf den dritten Teil der Breite des Faserbandes zeigt sich also schon bei 6fachem Verzug notwendig. Bei der starken Beschränkung des Raumes für die Faserbandbreite in der Ganghöhe bäumen sich die Faserkanten beim Zusammendrehen in die Höhe, was bei einiger Vergrößerung bei jedem Faden ohne weiteres wahrzunehmen ist. Bei 20 Verzug:

Für Feinspulerlunte 2,5 ist die Faserbandbreite 2,5 mm; für N_e 50 der Platz für Faserbandbreite 0,434, also ein Zusammendrängen der Breite auf den 5,75ten Teil notwendig. Mittelspulerlunte 1,5: Faserbandbreite zwischen den Streckzylindern 3,3 mm.

Feingarn N_e 30: Platz für Faserbandbreite im Faden 0,56, also Zusammendrängung auf den 5,9ten Teil der Breite notwendig. Da das starke Zusammendrängen und Übereinanderlegen des Faserbandes wohl kaum mit der erforderlichen Regelmäßigkeit erfolgt, vielmehr an den Kanten ein Abspalten und Aufbäumen der Faser entstehen wird, ist die Gefahr einer Strukturverschlechterung des Fadens mit steigendem Verzug gegeben.

Zwei wesentliche Hindernisse der Steigerung der Verzüge liegen also in der zu großen Auslaufbreite des Faserbandes und der dadurch bedingten starken Zusammenlegung des Bandes einerseits, sowie in der zu starken Verdünnung der Vorgarnlunte im Streckwerk und der dadurch hervorgerufenen Verminderung des gegenseitigen Haltes der Fasern andererseits.

Zur Ausschaltung dieser Erscheinung müßte man die Bandbreite im Verlauf des Streckvorganges vermindern.

g) Mittel zur Hebung der Güte der Faseranordnung im Faden.

1. Anordnung eines zweiten Luntenführers.

Eine Möglichkeit, die Güte der Faseranordnung im Faden zu verbessern, besteht in der Anordnung einer zweiten Luntenführung zwischen dem Einzylinder und dem darauffolgenden Paar, die gleichzeitig mit der hinteren Luntenführung hin- und herbewegt wird. Besonders wenn bei grober Einlunte oder doppelter Aufsteckung des Vorgarnes zwei Lunten nebeneinander ins Streckfeld laufen, stellt die zweite, etwas seitlich gegen die erste versetzte Luntenführungskante die Faserbänder hochkant und legt sie übereinander, wodurch eine wesentliche Verringerung der Luntenbreite erreicht wird (42).

Obgleich bei einer Daueranwendung von über 6 Monaten im Großbetrieb das mit dieser Führung von einer Schlitzweite von 1½ mm, mit einem 6,6fachen Verzug bei einfacher Aufsteckung, gesponnene Garn $N_e = 36$ eine Steigerung der Reißfestigkeit um 23,7% und einen dreimal höheren Gleichförmigkeitsgrad (5,34% gegen 16,2%) gegenüber dem ohne Führung gesponnenen Garn aufweist und bei derselben Garnnummer, bei einem Verzug von 13,2 und einem Spulerdurchgang weniger, noch immer um 16,7% stärker, um 18,2% elastischer und um 37,7% regelmäßiger war, als bei einem Verzug von 6,2 ohne Führung (Spindeldrehzahl 8370), wurde dennoch diese Zwischenführung nicht in der Spinnerei eingeführt, weil infolge der zahlreichen Fadenrisse eine Arbeiterin weniger Spindeln als bei gewöhnlichem Spinnverfahren bedienen konnte, die Maschinenausführung etwas verwickelter und die Bedienung erschwert wurde (1).

2. Die Einschaltung eines Drehröhrchens.

Ferner wurden Versuche gemacht, durch Unterteilung des Streckwerkes in zwei oder mehrere Zylindergruppen und jeweilige Einschaltung eines röhrenartigen Drehkörpers zur Erteilung eines sog. falschen Drahtes den größtmöglichsten Verzug bei glattem Gespinst zu erreichen (43).

h) Starre oder einstellbare Zylinderabstände?

Aus der Überlegung, daß die Gleitlänge der Faser, d. h. der Unterschied zwischen der niedrigsten Angabe der Handels-Stapellänge und dem Abstand der Walzenpaare I,1 — II, 2 (Abb. 2₁) die größtmöglichste sein und nicht unter ¼, am besten ⅓, betragen soll, und daß die Durchmesser der Riffelzylinder I und II nicht unter 23 bzw. 13 mm liegen dürfen (44) wurde gefolgert, daß es wohl am besten sei, auf die Einstellbarkeit der Zylinderabstände ganz zu verzichten und den Zylinderständer aus einem Guß herzustellen. Während erfahrene Fachleute auf dem Gebiet des Hochverzuges, so der deutsche Erfinder der Dreizylindergleitstreckwerke (11), und die meist mit sehr empfindlichem spinntechnischem Fingerspitzengefühl begabten Praktiker für das unabhängige Einstellen aller Zylinder eintreten, ließen sich angesehene Spinnereimaschinenfabriken (20, 32) zu Versuchen mit Hochverzugswalzenstreckwerken mit starren Zylinderabständen nach Abb. 22₁ (35) herbei. Bald drang aber allgemein die gesunde Anschauung zugunsten der einstellbaren Zylinderabstände durch, die es jedem Obermeister ermöglichten, auf Veränderungen nicht allein in der Stapellänge, sondern auch in der sehr unterschiedlichen Fähigkeit der Fasern aneinander vorbeireiben zu können, was vom Ölgehalt der Fasern und dem Zeitpunkt ihrer Verspinnung abhängt, durch geeignete Einstellung des Zylinderabstandes I, 1 — II, 2 rückwirken zu können. Frischgeerntete Baumwolle verspinnt sich, wie bekannt, viel besser als abgelagerte, deren ölige Bestandteile verflüchtigt sind und die ein gleitungserschwerendes Harz aufweisen (1).

Durch die Einstellbarkeit der Zylinderabstände wird man auch größere Nummernabschnitte mit demselben Gewicht der Oberwalzen 2 bei mäßigem Hochverzug in befriedigender Güte spinnen können und so einer unangenehmen Begleiterscheinung der Durchzugwalzenstreckwerke, dem Bereithalten, Auswechseln und Nachprüfen der Oberwalzen 2 entgegentreten. Während einerseits die Einstellbarkeit eines Streckwerkes auf Faserlänge verlangt wird, verspricht man sich andererseits von einer Änderung der Belastung der Durchzugwalze denselben Erfolg, so daß behauptet werden kann, die Näherbringung der leichten Mittelwalze an den Vorderzylinder entspricht einer Gewichtserhöhung der leichten Mittelwalze.

Statt des umständlichen Auswechselns der Oberwalzen 2 gibt es auch eine sehr sinnreiche Einrichtung (45) zur Belastung der Oberwalzen 2, welche die Änderung des Walzendruckes für die ganze Maschine von einer Stelle aus gestattet. Von besonderem Vorteil dürfte die Einrichtung sein beim unverstellbaren Vierzylinderstreckwerk nach Abb. 22₁ (45), bei welchem ein Wechseln der Durchzugsdrücke bisher durch Einlegen leichterer oder schwererer Walzen erreicht wurde, und das wegen der Nichtverstellbarkeit der Zylinder keinen durchschlagenden Erfolg hatte.

i) Die Gleitwalzenausführungen.

1. Glatte Gleitwalzen.

Für Mittelroller sollte möglichst kein Aluminium Verwendung finden, weil dieses durch den Gebrauch zu glatt wird; neuerdings wird Pockholz und Buchsbaumholz auf vierkantigem Eisenkern als geeigneter Baustoff genommen.

2. Geprägte Gleitwalze.

Die Mitnahme der Oberwalze 2 (Abb. 2_1) erfolgt über die Fasern durch die Reibung, welche sie an ihnen findet, und zwar um so besser, je gleichmäßiger die Fasern im Verzugsfeld verteilt sind. Schalenreste und grobe Andreher zwängen sich in die Berührungslinie II, 2 hinein und heben die während des Einzwängens stehenbleibende Oberwalze 2, so daß alle nicht zwischen dem Schalenrest, der Oberwalze 2 und dem Riffelzylinder II gefaßten Fasern währenddessen nicht zurückgehalten werden und unverteilt als Faserbündelchen im Faden dickere Stellen verursachen. Die Mitnahme des Oberzylinders 2 nach diesem kurzen Stillstand erfolgt nun mit Ruck durch die Schale mit den sie umgebenden Fasern und durch die Berührung der Walzenkante, welche am weitesten vom Schalenrest entfernt ist. Der Schalenrest und die Ansatzstelle gehen nun in den Bereich der Klemmlinie I, 1 und verursachen im günstigsten Falle einen Fadenriß. Schlechter ist es, wenn der Faden weiterläuft, weil dann die Arbeiterin nicht genötigt ist, die Fehlerstelle zu entfernen (1).

Diese durch die Zufallsbewegung ganzer Luntenteile beim Dreizylinder-Durchzugsstreckwerk auf den Umfang des leichten Mittelzylinders 3 ruckweise wirkenden beschleunigenden Kräfte, die eine ruckartige Drehung der Oberwalze 3 erzeugen, welche mit unregelmäßigem „Drehungsimpuls", zu deutsch Drehungserregung (46) bezeichnet wurden, treten um so mehr in Erscheinung, je leichter der Mittelroller 3 und je gröber und härter die Vorgarnlunte ist.

Bei regelrechter Faseranordnung und ohne Schalenreste und Andreher hängt eine gleichmäßige Mitnahme der Oberwalze 2 nur von der Reibung ihrer Zapfen im Druckwalzenhalter ab. Um diese auf das geringste Maß für alle Verschiebungen und Neigungen, die die Oberwalze 2 in bezug auf die Achse der Unterwalze II haben kann, zu beschränken, sind die Zapfen dünn und kegelig. Sind die Führungswände der Druckwalzenhalter lotrecht und liegt die Oberwalze 2 senkrecht über dem Riffelzylinder II, liegt also das Streckfeld wagrecht, so erfolgt die geringste Zapfenreibung. Die Oberwalze 2 wird daher über die Baumwolle am leichtesten von dem Riffelzylinder II mitgenommen. Je geneigter das Streckfeld zur Wagerechten ist, desto stärker wirkt die Seitenkraft des Gewichtes der Walze 2 auf die Zapfenführung und desto eher bleibt die Oberwalze 2 bei wenigen Fasern in der Lunte stehen und einen desto stärkeren Ruck erfährt sie, wenn zahlreiche Fasern folgen.

Um die Empfindlichkeit der Mitnahme der Oberwalze 2 durch den Riffelzylinder II zu dämmen und die zurückhaltende Kraft auf die Fasern bei gleichem Gewicht der Oberwalze 2 zu erhöhen, wird ihre Oberfläche geprägt, indem kreuzweise verlaufende, spirale Rillen in sie eingedreht werden, die sog. Fischhautprägung. Diese wurde verschiedentlich und in allen Korngrößen versucht (32), doch hatte sie keinen durchschlagenden Erfolg, weil sich diese kreuzweisen Rillen leicht mit Staub vollsetzen und dann die Wirkung einer glatten Walze vorliegt (1).

3. Die Rillengleitwalzen.

Schon lange bekannt ist die Ring-Rillengleitwalze (47), deren Vorteile und Nachteile in der Fachpresse umfassende Besprechungen und in Fachkreisen auch einigen Anklang gefunden haben, weshalb hier nur einige Hauptpunkte über sie erwähnt werden sollen: Weil der Faserabzug durch die Ring-Rillengleitwalze infolge der Rillen bedeutend erleichtert ist, wandert das Hauptverzugsfeld leichter bis zum Hinterzylinderpaar als beim gewöhnlichen Dreizylinder-Durchzugstreckwerk. Außerdem wird das Vorgarn bei der Hin- und Herbewegung durch den Luntenführer schwer aus den Rillen herausgehen und deshalb in die Breite gezogen bleiben, was die Abspreizung von Fasern stark erhöht. Als Vorteil der Ring-Rillenwalze ergab eine Untersuchung mit ungefähr 40000 Einzelreißversuchen (36) die geringere Empfindlichkeit der mit dieser Walze ausgerüsteten Streckwerke bezüglich Ungleichheiten im Verzug und der Nummer gegenüber der glatten Durchzugwalze.

4. Elastische Gleitwalzen.

Einfache elastische Gleitwalze. Ein weiterer Versuch auf dem Gebiete der Erleichterung der Mitnahme der Gleitwalzen und Erhöhung der Rückhaltung der Fasern durch letztere ist die einfache elastische Gleitwalze 2 (Abb. 28_1) (48), die über einem Eisenkern 2_x einen Mantel 2 aus einem hochelastischen Stoff, z. B. Gummischwamm oder Gummimantel mit Luftpolster, besitzt, welcher mit Leder überzogen ist. Dadurch, daß die Berührungslinie der Durchzugwalze 2 mit dem Mittelzylinder II, der Klemmlinie des Vorderzylinderpaares I, 1 genähert ist, wird eine Verminderung der Zahl der schwimmenden Fasern erzielt. Da jedoch dieser Vorteil durch eine ständige Formänderung des elastischen Mantels erreicht wird, besteht die Gefahr, daß der elastische Baustoff in kurzer Zeit ermüdet und abgenützt wird. Die Lederoberfläche ist nachteilig insofern, als die Größe der Reibung zwischen Gleitwalze 2 und Mittelzylinder II sich viel schwerer auf das richtige Maß abstimmen läßt als bei Eisenwalzen.

Die zusammengesetzte elastische Gleitwalze. Bei der unterteilten elastischen Walze, „flexible roller", sind auf einen gemeinsamen Dorn 25 (Abb. 29$_1$) (49) zwei getrennte, nur durch eine Ledermuffe 26 verbundene Rohrstücke 27 angeordnet; der mittlere Teil 28, der mit dem Dorn 1 ein Stück bildet, liegt stets auf dem Unterzylinder II (Abb. 2$_1$) auf, während die beiden äußeren Walzenteile 27 frei auf der zu führenden Lunte ruhen und durch die elastische Lederverbindung 26 mit dem Mittelstück 28, welches stets die gleichbleibende Umfangsgeschwindigkeit des Unterzylinders II hat, an unregelmäßigen Bewegungen verhindert werden.

5. Die vorgewichtete Gleitwalze.

Von der Annahme ausgehend, daß die Gleitwalze 2 stets von den von der Klemmlinie des Ausfuhrzylinderpaares I, 1 mit großer Geschwindigkeit durch das Streckfeld geführten Fasern angetrieben werde und daher am Umfang mehr entwickelt als der Unterzylinder II, wird die Gleitwalze 2 als eine hohle mit Kugeln teilweise gefüllte Walze ausgeführt (50), bei welcher der Schwerpunkt stets unterhalb des Drehungsmittelpunktes liegt, wodurch eine sich gleichbleibende Hemmung den ruckweisen Drehbewegungen entgegenwirkt. Nach Ansicht von Fachleuten und nach Untersuchungen im Betrieb (37) soll normalerweise die Drehungsanregung in Form einer Beschleunigung nicht vorhanden, sondern lediglich ein Zurückbleiben des leichten Mittelrollers in bezug auf den Unterzylinder II festzustellen sein. Sollte dieses sich einwandfrei ergeben, so würde durch die genannte Ausführung der vorgewichteten Gleitwalze eine nachteilige Vergrößerung des Trägheitsmomentes und somit der Nacheilung erzielt, welche nachteilig auf die Güte des Garns wäre. Ihre Anwendung war eine sehr beschränkte.

6. Die zwangläufig getriebene Gleitwalze.

Zur Verhütung des Nacheilens der Gleitwalze wird die leichte Oberwalze 2 seitlich mit einem kleinen Zahnkranz versehen, der in die Rillen des Unterzylinders II eingreift und auf diese Weise zwangsläufig geführt wird (46). Allerdings ist eine vorteilhafte Anwendung der Gleitwalze mit zwangsläufigem Antrieb nur dann gewährleistet, wenn peinliche Sauberkeit der Maschinen Grundprinzip der Spinnerei ist. Statt nur eines seitlichen schmalen Zahnkranzes werden in Spanien auch gerillte Oberwalzen (Abb. 3$_1$) (14) verwendet, welche ein Wellen des Fasergutes in der Klemmlinie durch den Eingriff der beiden Riffelungen von Oberwalze 2 und Unterzylinder II verursachen und daher neben der Verhütung des Stehenbleibens der Oberwalze 2 noch eine Vergrößerung der rückhaltenden Wirkung auf die noch nicht vom ersten Zylinderpaar gefaßten Fasern gewährleisten. Wenn die Riffelung der Oberzylinder 2, 2$_1$ nur gleich der Breite der Verschiebung der Lunte auf dem Zylinder II

2*

ist, so dürfte diese Ausführung wenig unter Flaumverstopfung zu leiden haben, denn es ist eine bekannte Tatsache, daß dort die benützten Riffelteile immer blanker als die danebenliegenden sind (1).

D. Die Besprechung der wichtigsten Streckwerke.

Man kann die Streckwerke ordnen in:

    a) Zylinderklemmstreckwerke (Abb. 1_1),

    b) Zylindergleitstreckwerke (Abb. 2_1),

    c) Laufleder-, Muffen- oder Hosenstreckwerke (Abb. $4 \div 11_1$),

    d) Nadelwalzenstreckwerke (51),

    e) Muldenstreckwerke (2, S. 27, Zeile $12 \div 14$),

    f) Brückenstreckwerke (25),

    g) Förderkegelstreckwerke (52),

    h) Preßfingerstreckwerke (53).

Diese Streckwerke lassen sich weiter in 2 Gruppen einteilen:

    I. Streckwerke mit 2 Klemmstellen, daher ohne Vorverzug, und

    II. Streckwerke mit 3 Klemmstellen, also mit Vorverzug.

Alle diese Ausführungen hier zu beschreiben würde zu weit führen, weshalb eine Kennzeichnung der Streckwerke auf die drei ersten Gruppen, als die in der Baumwollspinnerei verbreitetsten, beschränkt werden soll; die übrigen sind aus den angegebenen Patentschriften zu ersehen.

a) Das Zylinderklemmstreckwerk

für Baumwollspinnmaschinen besteht im allgemeinen aus 3 Zylinderpaaren III, 3 — II, 2 — I, 1 (Abb. 1_1), deren Oberwalzen 3, 2, 1, sei es durch Hänge- oder Hebelgewichte oder durch Selbstbelastung, einen so großen Druck ausüben, daß eine gleitlose Klemmung der zwischen den Zylindern III, II, I und den Oberwalzen 3, 2, 1 erfaßten Fasern gewährleistet wird. Bei Gewichtsbelastung kommen mit Leder bezogene Oberwalzen zur Anwendung, während glatte Eisenwalzen meist durch ihr Eigengewicht wirken (Selbstbelastung), da sie angeblich nur ungefähr $1/_6$ des Druckes zur Erzeugung der gleichen Klemmwirkung wie Lederzylinder benötigen (54).

    Vorteile: Vorverzug, Verziehen der Andreher und harten Vorgarnstellen, leichte Bedienung bei Einführung zerrissener Lunten, Einfachheit der Bauart.

    Nachteile: Niedere Verzugsgrenzen, mangelnde Faserführung im Hauptverzugsfeld.

b) Die Zylindergleitstreckwerke.

Unter diesen, auch Walzendurchzugstreckwerke genannten, haben wir besonders zu unterscheiden zwischen solchen ohne Vorverzug (I) und solchen mit Vorverzug (II).

I. Die Zylinderdurchzugstreckwerke ohne Vorverzug.

1. Das Dreizylinderdurchzugstreckwerk mit einer Gleitwalze und geradlinigem Streckfeld.

Es besteht aus 3 Unterzylindern I, II, III (Abb. 1_1) und 3 Oberwalzen 1, 2, 3, wobei das 1. und 3. Zylinderpaar I, 1 und III, 3 das gleiche ist, wie bei Klemmstreckwerken, d. h. die Vorderwalzen 1 durch Gewicht belastet, die Hinterwalzen 3 ebenso oder selbstbelastend. Wesentliche Abweichung vom Klemmstreckwerk zeigt der mittlere Teil des Durchzugstreckwerkes, wobei die Absicht, die Wegstrecke, welche das Faserband ohne Führung im geraden oder gebrochenen Streckfeld durchlaufen muß, möglichst weitgehend zu verkürzen, auf verschiedene Weise zur Ausführung gebracht worden ist.

Die ursprüngliche und nächstliegende Lösung ist die nach Abb. 2_1 ($9 \div 11$), welche den Mittelzylinderdurchmesser II so weit als zulässig verkleinert und mit dem Mittelzylinder II so nahe als möglich an das Auszylinderpaar I, 1 heranrückt, wodurch der Abstand der Klemm- bzw. Berührungslinien der Zylinder II, 2 — I, 1 beträchtlich vermindert wird. In der Patentschrift (11) ist der Durchmesser des Mittelzylinders beispielsweise mit 8 mm und der des Vorderzylinders mit 22 mm angenommen. Hieraus ergibt sich ein Zylinderabstand von $\frac{22}{2} + \frac{8}{2} + 2$ $= 17$ mm, und es wird erreicht, daß ungefähr 70% der Fasern geführt werden und nur noch 30% schwimmen, was leicht aus der Gegenüberstellung des Stapelbildes A (Abb. 30_1) und der Entfernung der Drucklinien I, 1 des Klemmstreckwerkes B und der Berührungslinien II, 2 des Gleitstreckwerkes C hervorgeht.

Allerdings sind gegen den nie zur Ausführung gekommenen kleinen Durchmesser von 8 mm des Mittelzylinders viele Stimmen aus Fachkreisen laut geworden, und es wurde empfohlen, nicht unter 13 mm Durchmesser zu gehen (44). Maschinen mit 14 mm Zylinderdurchmesser (55) laufen seit ungefähr 12 Jahren und selbst Zylinder mit 12 mm Durchmesser wurden auf Spinnerwunsch (31) während kurzer Zeit gebaut (20, 32). Allerdings hat sich in letzter Zeit ein starker Umschwung zugunsten der größeren Zylinderdurchmesser vollzogen, wie z. B. kaum eine englische Maschinenfabrik noch Zylinderdicken unter 5/8″ (ungefähr 15,9 mm) ausführen wird.

Der schwache Mittelroller dieses Streckwerkes ist immer unbelastet und so leicht, daß eine Klemmung der Fasern nicht stattfindet.

In der vorstehenden Ausführung soll der Sinn des Dreizylinderklemmstreckwerkes zu wenig beachtet sein (39), indem zur Erzielung einer besseren Faserführung nicht das dünne Zylinderpaar II, 2 zwischen Vorder- und Mittelzylinderpaar I,1 — II, 2 (Abb. 1_1) des Klemmstreckwerkes ergänzend eingeschoben wurde, sondern das ursprüngliche Mittelzylinderpaar II, 2 einfach durch das Durchzugwalzenpaar II, 2 (Abb. 2_1) ersetzt wurde. Es wurde nicht berücksichtigt, daß dem neuen, dünnen Mittelzylinderpaar eine andere Aufgabe zugewiesen ist als dem alten, dicken. Während ersteres das Durchziehen der Fasern erlauben muß und nur eine ordnende und führende Hemmung erzeugen darf, muß letzteres festhalten.

Abgesehen vom fehlenden Vorverzug zwischen II, 2 — III, 3 (Abb. 1_1), dessen wichtige Bedeutung schon dargelegt wurde, ist der scheinbar größte Nachteil des an Einfachheit wohl nicht zu übertreffenden Dreizylinder-Durchzugstreckwerkes (Abb. 2_1) im folgenden zu erblicken.

Das Ablösen der vom Vorderzylinderpaar I, 1 erfaßten Fasern erfolgt nicht mehr zwischen Vorder- und Mittelzylinderpaar I, 1 — II, 2, also vor dem Mittelzylinder I, sondern teilweise schon hinter ihm, wodurch ganze Luntenteile mitgerissen werden können, die bis an den Klemmpunkt des Hinterzylinders II, 3 reichen. Der Verzug erfolgt daher zwischen Vorder- und Hinterzylinderpaar I, 1 — III, 3 (Abb. 2_1) genau wie beim Klemmstreckwerk zwischen Vorder- und Mittelzylinderpaar I, 1 — II, 2 (Abb. 1_1) nur mit dem Unterschied, daß letzteres auf die Höchstfaserlänge eingestellt ist, während ersteres auf einer Strecke von ungefähr der doppelten Faserlänge den Verzug dem Zufall überläßt, wodurch die Gefahr ungleichmäßiges Garn zu erhalten gesteigert wird. Das Hinterzylinderpaar III, 3 (Abb. 2_1) muß also die Arbeit des Mittelzylinders II, 2 (Abb. 1_1) übernehmen, weil dieser seine bisherige Aufgabe ohne wirkliche Klemmung nicht mehr erfüllen kann.

„So ist das sog. Dreizylinder-Durchzugstreckwerk im wesentlichen Sinn zu einem Zweizylinderstreckwerk herabgesunken" (39).

2. Das Dreizylinderdurchzugstreckwerk mit einer Gleitwalze und mehrfach gebrochenem Streckfeld.

Ein anderer Weg, den Zylinderabstand und damit die Anzahl schwimmender Fasern zu vermindern, wird durch die Abb. 26_1 (56) gezeigt. Hierbei wird das Vorderzylinderpaar I, 1 soweit gesenkt, daß seine Klemmlinie ungefähr in gleicher Höhe mit der Achse des Mittelzylinders II liegt, wodurch die beiden Zylinderpaare II, 2 — I, 1 einander weitgehend genähert werden können. Das Faserband bildet auf diese Weise an der vorderen Oberwalze I und der mittleren Unterwalze II eine Tangente, deren Berührungspunkte sehr nahe beisammenliegen.

Abgesehen vom Vorteil einer langen Faserführung sind besonders folgende Nachteile zu verzeichnen:

1. weil die Fasermasse an dem ziemlich weit umschlungenen Mittelzylinder II große Reibung erfährt, darf der Druck am Ende dieser Um-

schlingung nur gering sein, um nicht die Reibung am umschlungenen Teil des Zylinderumfanges so zu vergrößern, daß ein Zerreißen der vom Auszylinder I, 1 erfaßten Fasern stattfindet. Die Oberwalze 3 muß also ganz besonders leicht sein, weshalb sie gern stehen bleibt.

2. Fehlender Vorverzug.

3. Erschwerung der Bedienung.

4. Zu große Entfernung zwischen Vorder- und Hinterzylinderpaar und damit die Wahrscheinlichkeit sehr ungleiches Garn zu erhalten.

5. Die Faserableitung vom Mittelzylinderpaar findet in einer Richtung statt, die ziemlich weit am Klemmpunkt des Vorderzylinderpaares vorbeigeht, wodurch starke Faserspaltung und Flugbildung hervorgerufen werden.

3. Das Dreizylinderdurchzugstreckwerk mit zwei Gleitwalzen und mehrfach gebrochenem Streckfeld.

Eine dritte Möglichkeit bieten die Ausführungen, welche auf den Mittelzylinder II (Abb. 3, 16_1) zwei gleiche oder verschieden große Oberwalzen 2, 2_1 haben, wovon die vordere Oberwalze 2 so nahe an dem Zylinder I angeordnet ist, daß der umgekehrte Fall von vorhin eintritt, nämlich die Lunte den vorderen Unterzylinder I und den Mittelroller 2 teilweise umschlingt und in zwei nahe zusammenliegenden Punkten berührt.

Die Ausführungen nach Abb. 3_1 (12÷14) haben, wie das Streckwerk nach Abb. 16_1 (30) den Vorteil langer Faserführung am Mittelzylinder II; sie teilen auch nicht nur sämtliche Nachteile mit diesem, sondern sie weisen außerdem noch folgende auf:

1. Die Faserableitung wird durch die tief liegende vordere Mittelrolle 2 sehr verschlechtert. Anstatt auf den Klemmpunkt des Auszugzylinderpaares I, 1 geführt zu werden, gelangen die Fasern zuerst auf den Unterzylinder I, werden, falls sie nicht zwischen II, I hindurchgehen, von diesem mit hinaufgenommen und erfahren beim Eintritt in die Klemmlinie eine plötzliche Spannung, was für die Gleichmäßigkeit des Fadens nicht gerade günstig ist.

2. Besonders groß wird der Fehler im Garn durch die unregelmäßige Drehungserregung werden, weil die leichten Walzen dem beim Ausziehen der Fasern aus der Lunte auftretenden Zupfen schwerlich standhalten können, sondern in eine ruckartige und hüpfende Bewegung verfallen werden.

3. Außerdem wird, wie bei jeder starken Richtungsänderung, die Abspreizung von Fasern aus dem Bande stark vermehrt, was zu einem haarigen Aussehen des Fadens führt und den Verflug des Spinnstoffes bedeutend erhöht.

II. Die Zylinderdurchzugstreckwerke mit Vorverzug.

1. Die Dreizylinderstreckwerke mit einer Gleit- und einer Klemmwalze auf dem Mittelzylinder.

Als Übergang vom Drei- zum Vierzylinder-Streckwerk können die Ausführungen, die auf dem mittleren der drei Unterzylinder außer der leichten Durchzugwalze 2 (Abb. 3_1 (12÷14) noch eine größere Klemmwalze 2_1 (Abb. 16_1) (30) bzw. eine belastete 2_1 (Abb. 18_1) (32) aufweisen, gelten.

Unter den Bauarten dieser Gruppe könnte wieder unterschieden werden zwischen Streckwerken, bei welchen die hintere Mittelwalze 2 (Abb. 16_1) (30) mit Eigenbelastung arbeitet und solchen, mit zusätzlicher z. B. durch Einwirkung von Oberwalze 3 auf 2_1 (Abb. 18_1) (32) oder durch Sattelbelastung nach Abb. 15_1 (2) oder Abb. 17_1 (31); 18_1 (32), weil in Fachkreisen teilweise die Ansicht vertreten wird, daß nur Streckwerke mit zusätzlich stark belasteter Mittelwalze eine genügende Klemmwirkung zum Verziehen dicker Stellen (Andreher) erzielen. Es soll jedoch hier auf die Frage des Grenzgewichtes der Oberwalze, von dem ab der Gleitschluß in den Klemmschluß übergeht, nicht weiter eingegangen werden, im Hinblick auf die großen Schwankungen der angewendeten Belastungen bei den bestehenden Einrichtungen. Auch sind die Meinungen der Spinner bezüglich des Verziehens der Andreher verschieden, indem vielfach ein Streckwerk, bei welchem die Andrehstellen leicht zu Fadenrissen führen, vorgezogen wird, weil hiedurch die Arbeiterin zu größerer Sorgfalt beim Andrehen der Vorlunten gezwungen ist und grobe Fehler im Garn ausgemerzt werden.

Bei dem Streckwerk Abb. 16_1 (30) befindet sich hinter der Durchzugswalze 2 ungefähr im selben Winkel a gegen die lotrechte nach rückwärts geneigt eine schwere Druckwalze 2_1 mit einem Durchmesser von ungefähr 22 mm oder mehr (wenn möglich). Bei sehr groben Garnen sowie gebleichten oder gefärbten Vorlunten wird empfohlen die dritte Walze 2_1 zu beledern und durch einen Sattel zu belasten. Der wesentliche Vorteil dieses Streckwerkes gegenüber den einfachen Dreizylinder-Durchzug-Streckwerken (Abb. 2_1) (9÷11) besteht nur in der Erzielung eines wirklichen Vorverzuges.

Nachteilig wirkt sich die Notwendigkeit aus, auf dem Mittelzylinder II (Abb. 3_1) zwei Oberwalzen 2_1, 2 anordnen zu müssen, wodurch der Durchmesser des Mittelzylinders II größer als bei den gewöhnlichen Durchzugstreckwerken (Abb. 2_2) (9÷11) gewählt werden muß. Die Folge ist eine Zunahme des Drucklinienabstandes I, 1 — II, 2 (Abb. 30_1) und damit der Zahl der schwimmenden Fasern, was eine Verminderung der Verzugsgröße bedeutet. Auch die vielen Richtungsänderungen des Faserlaufes fallen unangenehm auf und werden noch vergrößert durch die Zurückverlegung des Hinterrollers 3 in die lotrechte Stellung, die vorgenommen werden muß, um Platz für die Führung der dritten Oberwalze 2_1 zu gewinnen.

Von der besseren Stellung der Einzugswalze 3 (Abb. 18_1) (32) abgesehen ist über dieses Streckwerk dasselbe zu sagen, wie über das vorhergehende. Hiezu kommt noch das umständliche Schmieren und Reinigen der Gleitflächen 25, 26.

Der wesentliche Unterschied beider kann nur in der eigenartigen Belastung der hinteren Mittelwalze 2_1 (Abb. 18_1) (32) durch den Hinterroller 3 gefunden werden. Ein Steg 25 in der Führung 26 überträgt eine Seitenkraft des Gewichtes der vierten Walze 3 auf die Walze 2_1, und sichert dadurch den Vorverzug.

2. Die Vierzylinderstreckwerke mit einer Gleitwalze und geradem Streckfeld.

Sollten auch die trotz Erzielung eines wirklichen Vorverzuges verbleibenden Nachteile der genannten Dreizylinder-Streckwerke mit vier Oberwalzen vermieden werden, so bleibt kein anderer Weg, als der Übergang zum Vierzylinderstreckwerk, sofern natürlich von einem Lauflederstreckwerk abgesehen werden soll.

Im Vierzylinder-Durchzugsstreckwerk IV, 4 — III, 3 — II, 2 — I, 1 (Abb. 21₁ (32), 19₁ (29) sehen wir im wesentlichen das alte Klemmstreckwerk III, 3 — II, 2 — I, 1 (Abb. 1_1) vor uns, das zur Erzielung einer besseren Faserführung im Hauptverzugsfeld um ein schwaches Durchzugzylinderpaar II, 2 bereichert, bzw. das alte Gleitstreckwerk für niedere Verzüge III, 3 — II, 2 — I, 1 (Abb. 2_1) das mit einem Zuführzylinderpaar ausgestattet wurde. Betrachten wir jedoch das Vierzylinderstreckwerk als eine Stufe auf dem theoretischen Entwicklungsgang der Durchzugwalzenstrecke, so muß das dritte Zylinderpaar III, 3 mit Klemmung als eingeschaltet betrachtet werden.

Die mit geradem Verzugsfeld arbeitenden Vierzylinder-Durchzugsstreckwerke (Abb. 19, 20_1), die von englischen (33) und amerikanischen (34) Maschinenfabriken ausgeführt werden, kennzeichnen sich durch ihren einfachen Bau und den geringen Klemmdruck durch die dritte Oberwalze 3 aus.

Um einen hinreichend großen Klemmdruck zu erzielen, müßte die mit Eigenbelastung arbeitende Oberwalze 3 genügend schwer gehalten werden und hätte infolge des hierdurch bedingten größeren Durchmessers eine Vergrößerung des Klemmpunktabstandes sowohl zwischen dem dritten III, 3 und zweiten II, 2, als auch dritten III, 3 und vierten IV, 4 Zylinderpaar zur Folge, was für eine sichere Faserführung nachteilig ist. Zur Gewährleistung des nötigen Klemmdruckes ist es empfehlenswert, eine dünne, belederte Druckwalze mit einer zusätzlichen Sattelbelastung nach Abb. 15₁ (2) oder Abb. 17₁ (31), die sich sehr gut bewährt, zu verwenden.

3. Die Vierzylinderstreckwerke mit einer Gleitwalze und gebrochenem Streckfeld.

Das Streckwerk Abb. 21_1 (32) zeigt eine doppelte Brechung des Streckfeldes nach oben, und zwar beim zweiten Zylinder II eine solche von 13°, beim dritten Zylinder III von 1°. Die Neigung des Hauptverzugsfeldes beträgt 38° (nach Messungen an der Maschine selbst). Der Vorderroller 1 ist beledert und bügelbelastet. Die dritte Oberwalze 3 arbeitet mit Selbstbelastung bei einem Gewicht von 315 g. Eine leichte Brechung des Streckfeldes zeigt auch das Streckwerk nach Abb. 17 und 21_1, welche auch bei den vorgenommenen Versuchen Verwendung fanden.

Die wesentlichen Vorteile der Vierzylinderstreckwerke sind die Erzielung eines wirklichen Vorverzuges, auf dessen Wichtigkeit schon anfangs eingegangen wurde, sowie die Verbesserung der Faserführung mit Hilfe der Durchzugswalzen, ohne auf die Möglichkeit, Andreher und dicke Stellen zu verziehen, verzichten zu müssen.

c) Lauflederstreckwerke.

1. Gleitstreckwerke mit einem Laufleder. Auf dem theoretischen Entwicklungsgang der Vervollkommnung der Faserführung vom gewöhnlichen Dreizylinderstreckwerk bis zum Doppel-Laufleder-Streckwerk (Abb. $9 \div 11_1$) (19, 38), sind als Zwischenglieder die Streckwerke mit nur einer Muffe (Abb. $5 \div 8_1$) zu betrachten.

Die Streckwerke nach Abb. 5, 6_1 (18) haben in der Walzenanordnung Ähnlichkeit mit dem schon besprochenen Streckwerk nach Abb. 16_1 (30); sie teilen auch die Nachteile mit ihm, abgesehen von dem Vorteil, daß infolge des Laufleders 6 die unregelmäßige Drehungserregung vermieden ist.

Um die nötige Spannung der Lederhose 6 zu erzielen ist entweder auf ihr (Abb. 6_1) oder in ihr (Abb. 5_1) eine Belastungswalze 2_2 zwischen den beiden Führungswalzen vorgesehen.

Ein wesentlich besserer Gedanke ist im Streckwerk nach Abb. 8_1 (18) zur Ausführung gekommen. Die Gestalt des Streckfeldes und Verteilung der Klemmpunkte gleicht im wesentlichen dem Vierzylinderstreckwerk mit gebrochener Streckebene (Abb. 21_1) (32).

Das unten angeordnete Laufleder 5 bietet jedoch den großen Vorzug, auch kürzeste Fasern verarbeiten zu lassen, weil einerseits ein Verlust von sich abspreizenden Fasern im Durchzugsfeld schwer stattfinden kann und andererseits die Klemmpunktentfernung II, 2 — I, 1 bis auf $14 \div 15$ mm herabgesetzt werden konnte gegenüber $17 \div 18$ mm beim Vierzylinderstreckwerk mit den kleinsten Zylinderdurchmessern Abb. 22_2 (32).

Eine eigene Belastungsrolle 27″ mit Führung 28, 29 sorgt für die richtige Spannung des über den mittleren Unterzylinder und eine Leitstange II laufenden Riemchens 5. Der Mittelzylinder 3 wird, wie beim alten Klemmstreckwerk, durch Sattel belastet; eine leichte Durchzugwalze 2 sichert die Faserführung zwischen der ersten und zweiten Belastungswalze 2, 3. Die Vorteile des Dreizylinderklemmstreckwerkes sind also voll und ganz beibehalten, wobei durch die eigenartige Leitung des Laufleders 5 die Möglichkeit auf beliebige Faserlänge einzustellen in besonderem Maße geboten ist. Mit dem gleichen Streckwerk läßt sich geringste wie auch feinste Baumwolle verspinnen ohne einen Wechsel der Leder vornehmen zu müssen; dadurch, daß sowohl die Innen- wie Außenfläche des Leders durch Putzwalzen gereinigt wird, ist die Brauchbarkeit des Streckwerkes im Großbetrieb erhöht. „Vor allem aber kommt durch die Knickung des Verzugsfeldes die Faserhemmung auf dem Laufleder 5 so zur Geltung, wie es im Lauflederstreckwerk mit 2 Ledermuffen und geradem Verzugsfeld nie erreicht werden kann. Selbst eine ungleichmäßige Lederdicke oder Lederaußenbeschaffenheit kann dadurch nicht mehr so ungünstig zur Geltung kommen, wie beim Doppelhosenstreckwerk (Abb. 10, 11_1) (19, 38), wo dieser Umstand die Arbeit des Streckwerkes direkt in Frage stellen kann" (39). Eine vorteilhafte Verbesserung der Ausführung nach Abb. 8_1 (18) ist die Führung der Lederspannwalze 27" in der Führung 28. Bildet sich nämlich am Vorderzylinder I ein Wickel, so wird das untere Trum des Leders 5 stillgesetzt, während das obere durch das Walzenpaar III — 3 weitergeschoben wird und so die Spannwalze 27" aus der Führung 28 zu heben sucht. Dies wird verhindert durch die Nase 29. Würde nämlich das obere Trum weitergeschoben, so könnte es vom Vorderzylinderpaar I, 1 erfaßt und beschädigt werden.

Eine andere Ausführung mit einem Unterleder, sehen wir beispielsweise noch in der Abb. 7_1 (17) bei der das Walzenpaar fehlt, wodurch die Vorverzugsmöglichkeit entfällt. Die beiden leichten belederten Durchzugwalzen 2, 2_1 auf dem Laufriemen 5 besorgen nur die Faserführung. Die Spannung der Lederhose 5 wird erzielt durch eine stehende hebelbelastete Führungsschiene II; Putzwalzen für das Laufleder fehlen auch.

Da wir nur zwei angetriebene Zylinder haben, nämlich den Vorderzylinder I und den vom Laufleder 5 umspannten Zylinder III, so kann diese Ausführung nur als Zweizylinderstreckwerk bezeichnet werden. Daß diese Bauart von der vorigen überholt ist, wird von den Engländern selbst gesagt, weshalb auch das beschriebene Streckwerk mit seinen zahlreichen und nur teilweise erwähnten Fehlern wohl aufgegeben sein dürfte.

2. Gleitstreckwerke mit 2 Laufledern. Inwieweit die letzten Ausführungen eine Abart von Meyer (15) oder Casablancas sind, soll hier nicht weiter untersucht werden — denn auch Casablancas baute Einlederstreckwerke, und erhielt auch Deutsche Reichspatente in den Jahren 1913 und 1921 auf solche mit einem unteren bezw. einem oberen Riemen und oberen bezw. unteren Leitflächen (16, 17, 57).

„Es steht jedenfalls fest, daß alle nur denkbaren Zusammenstellungen, ob nun mit zwei Riemen, ob mit einem Riemen und einem

Zylinder, ob mit einem Riemen und einer Platte, ob mit zwei oder verschiedenen Zylindern, fest oder elastisch, ob mit einer Hose oder mit einem anderen Satz Zylindern oder mit gespannten oder lockeren Riemchen, ob mit äußerer oder innerer Führung mittels Platten oder Zylindern, schon von Casablancas durchstudiert und ausgeprobt worden sind" (58).

Das Casablancas-Streckwerk zeigt in seiner gebräuchlichsten Ausführungsart (Abb. 10—11₁) dieselbe Zylinderanordnung wie das gewöhnliche Dreizylinderstreckwerk, wodurch ein wirklicher Vorverzug erzielt wird. Der Hinterroller 3 wird entweder mit Sattelbelastung oder durch größere Ausführung als selbstbelastend angeordnet. Die beiden Mittelwalzen II, 2 sind von den Laufledern 5, 6 umschlungen, welche das Fasergut nach vorne bringen und die leichte Hemmung an Stelle der Durchzugwalzen ausüben. Das untere Laufleder 5 wird angetrieben durch den sägezahnartig geriffelten Unterzylinder II und durch einen starken Drahtbügel 30 möglichst nahe an den Vorderzylinder I, 1 geführt, während das Oberleder 6 zur Sicherung eines regelmäßigen Laufes durch einen Ablenksteg 31 von außen mit einer der Elastizität des Leders entsprechenden sanften Pressung auf das Unterleder 5 gedrückt wird. Die Einfachheit dieser Ausführung, bei welcher die obere Hose 6 nur durch die obere Druckwalze 2 fortbewegt und weder gezogen noch gespannt wird, dürfte wesentlich zur Erhöhung der Betriebssicherheit und Lebensdauer der Riemchen beitragen, welch letztere von Casablancas mit ungefähr 6 Jahren angegeben wird. Durch die Riemchen ist es möglich, die Faserführung bis nahe an den Vorderwalzenklemmpunkt in höherem Maße als beim Walzenstreckwerk zu gewährleisten, wobei auf eine Einstellbarkeit auf Faserlänge verzichtet ist.

Unter „Einstellbarkeit" soll hier die Änderung des Abstandes zweier benachbarter Klemmlinien verstanden werden, bei Casablancas also die Entfernungsänderung des Mittel- und Vorderzylinderpaares II, 2 — I, 1, welche ohne Verschlechterung der Faserführung am Vorderzylinder I, 1 nicht vorgenommen werden kann, da die Lederhosen von Casablancas eine Längenänderung des jeweils führenden Teiles wie Abb. 8₁ (18) nicht zulassen.

Stellt man sich auf den Standpunkt der von vielen Fachleuten eingenommen wird, daß nämlich die günstigste Klemmpunktentfernung gerade an der Grenze der Krachgarnbildung — ein Garnfehler, der durch zu enge Zylinderstellung hervorgerufen wird — liegt, so wäre in der Unverstellbarkeit eines Streckwerkes ein Nachteil zu erblicken.

Ungünstig ist auch die Unmöglichkeit, die Lunte in ihrem Streckverlauf zu verfolgen, sowie ein ungünstiges Arbeiten der Leder, wie z. B. Stauen, wahrzunehmen. Weil beide Hosen ohne Spannung laufen und die jeweils faserführenden Teile geschoben werden, besteht die Gefahr, daß die Leder sich stauen und entgegengesetzt wölben, wodurch die Lunte an Führung verliert. So ideal der Streckvorgang nach Casablancas in der Theorie ist, so nachteilig kann sich in der Praxis die eigenartige Verwendungsform eines so wandelbaren Baustoffes wie Leder auswirken.

Wenn auch durch die im Laufe der Jahre gemachten Erfahrungen viele der anfänglichen Schwierigkeiten als überwunden gelten können, so sind doch Elastizität, Adhäsion und Struktur des Leders, welche als Baustoffgrundlagen dienen, sehr schwankende Größen.

Es sei hier noch auf eine Neuerung (59, 60) an der Lederführung hingewiesen, wobei der bisherige Drucksteg 31 (Abb. 10$_1$) des Oberleders 6 wegfällt und statt dessen eine mit Stapel- bzw. Nummernänderung auswechselbare Drahtschleife 32 (Abb. 11$_1$) (38) angewendet wird, welche die beiden Hosen 5, 6 an der letzten Durchzugstelle mit der richtigen Pressung zusammenhält. Das Oberleder 6 hat hiedurch den Vorteil nach oben frei ausweichen zu können, wodurch bei einer Längung des Leders im Betrieb ein Anpressen an die Vorderwalze vermieden wird. Auch wird durch den Wegfall des oberen Drucksteges 31 (Abb. 10$_1$) das Ansammeln von Flug an diesem vermieden und so die Gefahr, daß der Flug vom Vorderroller erfaßt und ins Garn gebracht wird, umgangen.

E. Vorgarn-Beschaffenheit.

Von wesentlichem Einfluß auf den Lauf des Streckwerkes und die Güte des Gespinstes an der Feinspinnmaschine ist die Beschaffenheit des Vorgarnes.

Zwei Punkte sind hier zu beachten: Die Vorgarndrehung und die Gleichmäßigkeit. Die Vorgarndrehung muß mindestens so groß sein, daß beim Abziehen der Lunte von der Spule zwischen dieser und dem Einlaufzylinder kein Verzug stattfinden kann, weil hierdurch eine Ungleichmäßigkeit des Vorgarnes und starke Nummern-Schwankungen des Gespinstes entstehen müßten. Die Vorgarndrehung soll auch nicht größer sein, als unbedingt notwendig, weil eine zu hart gedrehte Lunte sich nur schwer gleichmäßig verziehen läßt und vor allem bei den Dreizylinder-Durchzugsstreckwerken zu sog. Dickfäden[1]) und Fadenrissen führen. Während beim Dreizylinder-Durchzugsstreckwerk zur Vermeidung der eben erwähnten Fehler die eingeführte Lunte möglichst weich sein muß, weil eine Vorauflösung der Fasermasse unmöglich ist, soll bei allen Streckwerken mit wirklichem Vorverzug die Vorgarndrehung im Einklang stehen mit der Größe des Verzuges und des Klemmpunkt-Abstandes im Hauptverzugsfeld, in welchem sich die Lunte bei zu geringer Vorgarndrehung stark zerfasert und zu breit ausläuft.

---

[1]) Die dünneren Stellen im Vorgarn nehmen viel mehr Drehung auf und werden so hart, daß sie nicht mehr verzogen werden können und im Garn als ungefähr 2—6 cm lange, dicke Stellen unliebsam in Erscheinung treten.

Empfohlen (61) wird die Drehung der Lunte auf 1 Zoll englisch (25,4 mm) nach der Formel zu berechnen:

$$t'' = \frac{5\,(4\,\sqrt{N_e} + N_e)}{\text{Faserlänge in mm}}.$$

Es empfiehlt sich als Faserlängen einzusetzen: Stapel-Amerika 26 bis 27 mm; gewöhnliche Amerika 25 mm; Halb-Amerika 22 mm; Omrah 20 mm; Bengal 18 mm.

Was die Gleichmäßigkeit des Vorgarnes betrifft, so kann unterschieden werden zwischen Gleichmäßigkeit im Gewicht aufeinanderfolgender kleiner Längeneinheiten und der Gleichmäßigkeit der Faserverteilung im Querschnitt.

Letztere kann im Vorgarn noch so groß sein, sie wird im Streckwerk gestört, wenn nicht die Fasern alle von der gleichen Länge sind, was praktisch nie der Fall ist. Untersucht man eine Spulerlunte, so wird man finden, daß für verschiedene Querschnitte das Mengenverhältnis der einzelnen Faserlängen annähernd gleich ist, und dies um so mehr, je häufiger vorher gedoppelt wurde. Diese Faserordnung bleibt aber nicht erhalten, weil beim Strecken eine Umgruppierung der Fasern erfolgt: kurze Fasern bleiben zurück, lange werden nach vorn geschleppt (39). Die Wirkung dieser Umgruppierung ist um so größer, je höher der Verzug ist.

Die Gleichmäßigkeit des Gewichtes aufeinanderfolgender Längeneinheiten ist zur Erzielung einer gleichmäßigen Garnnummer von größter Wichtigkeit. Allerdings spielt diese Frage für den Hochverzug keine größere Rolle als für niederen Verzug. Über die Möglichkeit, diese Gleichmäßigkeit zu erreichen, bestehen jedoch Meinungsverschiedenheiten. Einerseits verspricht man sich von möglichst viel Spulerdurchgängen und Dopplungen ein besonders gleichmäßiges Vorgarn, andererseits besteht die Ansicht, daß das Höchstmaß von Gleichmäßigkeit im letzten Streckendurchgang erreicht wird. Alle nachfolgenden Dopplungen verbessern die Gleichmäßigkeit in keiner Weise. Im Gegenteil werde infolge der dem Drehen und Winden anhaftenden Mängel die Ungleichmäßigkeit zunehmen. Jedes Streckwerk vergrößere die Ungleichheiten des Vorgarnes und die Arbeit auf den Spulern erfolge nur um eine allmähliche Gewichtsverminderung auf die Längeneinheit des Garnes vorzunehmen. Bei Besprechung der Versuchsergebnisse wird zu dieser Frage Stellung genommen.

F. Anwendungsgebiete des Hochverzuges und theoretische Betrachtungen hierzu.

Die im Abschnitt I d besprochenen Streckwerke finden im allgemeinen auf den Ringspinner Anwendung, der infolge seiner gleichmäßigen, ruhigen Arbeitsweise der Einführung hoher Verzüge weit weniger Schwierigkeiten bereitet als der **Selbstspinner**. Man sagt bei letzterem, der dünner und breiter aus dem Vorderzylinder kommende Faserflor könne dem Fadenzug beim Spinnen schwerer standhalten als das bei gleicher Garnnummer dickere aber schmälere Faserband bei niederem Verzug. Dieser Ansicht steht jedoch die Tatsache gegenüber, daß beim Selbstspinner die Drehung des Fadens sich bis dicht an den Klemmpunkt des Vorderzylinderpaares legen kann, weil eine teilweise Umschlingung des Unterzylinders durch das Ausgut nicht stattfindet, und weil der Draht bei der Einfahrt des Wagens durch Winder und Gegenwinder gegen die Zylinder zurückgestreift wird.

Als Haupthindernis dürfte bisher wohl die starke Abdrehbeanspruchung der schwachen Durchzugzylinder bei jedem Wagenspiel gelten; auch ist das ständige Abbremsen und Anlaufenlassen des Streckwerkes insbesondere für die Bewegungsverhältnisse des leichten Mittelrollers und damit für die Gleichmäßigkeit des Fadens ziemlich nachteilig. Empfohlen wird zur Anwendung auf dem Wagenspinner das Casablancas-Streckwerk, da dieses weder schwache Zylinder noch leichte Mittelroller aufweist. Desgleichen wird es zur Anwendung auf **Spulern** vorgeschlagen, ein Gebiet, auf welchem bisher der Hochverzug jedoch wenig Boden gewinnen konnte. — Dagegen wurde in dieser Arbeit besondere Aufmerksamkeit geschenkt der Anwendung hoher Verzüge auf der **Strecke** (62).

Dabei wurde davon ausgegangen, daß die Zuführung von Bändern zu den Strecken die Quelle vieler Unregelmäßigkeiten ist, weil

1. die Bandwächter sehr oft nicht zuverlässig arbeiten,

2. die Arbeiterin durch Querlegung des Bandanfanges über die Nachbarbänder ebenfalls Unregelmäßigkeiten verursacht,

3. die erste Strecke bei Zuführung der Fasern mit dem Kopf, d. h. mit dem Schleifchen auf gleicher Höhe voran, eine Fasermischung nicht einwandfrei durchführen kann und die Parallelrichtung der Fasern auf der ersten Strecke nur unvollkommen ist;

4. die dritte Strecke überhaupt keine regelmäßigere Nummer abliefert als die zweite Strecke, weshalb viele Meister die Nummer der zweiten Strecke und nicht die der letzten Strecke prüfen.

Um diese Fehler zu beheben, verwendet er nach der Karde einen Bandwickler, dem er 14÷20 Bänder zuführt, bei dem das Streckwerk wegfällt und der Wickel ohne vorherige Glättung gebildet wird. Von der Karde gelangen die Bänder in 18facher Ansetzung an die Bandwickelmaschine. Hier folgt eine Vereinigung der 18 Kardenbänder zu einem Wickel ohne Kalandern und ohne Verzug. Hat ein Wickelvlies seine genaue vorbestimmte Länge (Selbstabstellung der Maschine), so gelangt der Wickel auf die Strecke. Verzug ungefähr 18fach. Ein Wickel füllt genau eine Kanne, welche am Grobspuler genau 2 Abzüge gibt. Hierdurch wird das bisher übliche Anstückeln auslaufender Bänder vermieden. Weitere Vorteile liegen in der Ersparnis von Maschinen, Arbeitern, höherer Gleichmäßigkeit, d. h. weniger Ansatzstellen (dicke Stellen, Grobfäden).

Grundgedanke: Vieles Strecken der Baumwolle ermüdet die Fasern. Ungleichheiten werden durch häufiges aber geringes Doppeln schlecht ausgeglichen. — Bei einer 18fachen Dopplung ist der Fehler bei Riß oder Verdickung eines Bandes (von der Karde herrührend) nur $^1/_{18}$; bei gewöhnlichen Strecken mit 6 Bändern je Ablieferung $^1/_6$, also bedeutend größer. Bei jedem folgenden Streckendurchgang des bisherigen Verfahrens erfolgen Bandrisse und Ansatzstellen, Fehler, die wieder nur auf $^1/_6$ verkleinert werden. Beim Auslaufen eines Bandes am Grobspuler wird der durch Ansetzen entstehende Fehler beibehalten und beim nächstfolgenden Spuler halbiert.

Bei Anwendung dieses Verfahrens dagegen wird bei Riß eines der 18 auf die Wickelmaschine auflaufenden Bänder die Maschine sofort stillgesetzt, das Bandende stumpf angesetzt, was wegen der eng nebeneinanderliegenden Bänder möglich ist, so daß kein Fehler entsteht. Fehler, die im Kardenband enthalten sind, werden durch 18fache Dopplung und 18fachen Verzug auf der Strecke auf $^1/_{18}$ verringert. Ansetzen während eines Abzuges findet nicht statt, weil die Längen der Wickelvliese, Bänder und Grobspulerlunten genau aufeinander abgepaßt sind und eines immer ein ganzes Vielfaches des andern ist.

Die Auflage eines 3 mal dickeren Fasergutes als sonst auf die Strecke erhöht durch den größeren Widerstand, den die Fasermasse dem Ausziehen der Fasern entgegensetzt, die Kämmwirkung des Faserbausches auf die von den Streckzylindern ausgezogenen Faserköpfe.

Nach René Ferouellé und C. Sig (63) zeigen nämlich die aus der Karde austretenden Fasern am rückwärtigen Ende eine vom Sammler herrührende Schleife, welche Kopf genannt wird, während das entgegengesetzte glatte Faserende mit Schwanz bezeichnet werden soll. Auf dem Wege von der Karde in die Kanne befinden sich die Faserschwänze vornan, weshalb beim Einlaufen des Kardenbandes in den Bandwickler die Faserköpfe vorausliegen. Legt man die auf dem Bandvereiniger gebildeten Wickel der Strecke vor, so befinden sich wieder Schwänze an der Spitze.

Werden diese beim ersten Verzug, den das Band erfährt, dem dritten Zylinder dargeboten, so werden nacheinander die auf verschiedenen Höhen stehenden Schwänze aus dem Faserbüschel gezogen, welches der vierte Zylinder in großer Dichte darbietet. Hiedurch wird einerseits eine Auflösung der Köpfe (Schleifchen) infolge der im starken Fasergewirr stattfindenden großen Reibung sicher gewährleistet, andererseits findet eine Durchmischung der Fasern dadurch statt, daß die verschieden langen Schwänze nacheinander vom nächsten Walzenpaar erfaßt und infolge der Geschwindigkeitssteigerung im Streckfeld aus ihrer ursprünglichen Umgebung in eine andere befördert werden.

Sind die Köpfe voraus, so tritt diese Durchmischung nicht ein, da die Köpfe sich vom Sammler her in fast gleicher Reihe befinden.

Bei dem Verfahren (62) wird bei Anwendung von Hochverzug auf dem Spinner für die Nummer $6 \div 12$ französisch ein Spulerdurchgang, für höhere Nummern zwei Spulerdurchgänge empfohlen. Ebenso soll an den Strecken ein zweiter Durchgang erst von Nummer 12 französisch an aufwärts angewendet werden. Der Verzug an der Wickelstrecke soll ungefähr 16fach gewählt werden.

Umfassende Versuche mit diesem Verfahren vorzunehmen, war aus verschiedenen Gründen nicht möglich, weshalb bei Betrachtung der vorliegenden Ergebnisse folgende Einschränkungen beachtet werden müssen.

Ein Original-Bandwickler für dieses Verfahren stand noch nicht zur Verfügung, statt dessen wurde ein Mako-Bandwickler so umgebaut, daß er den wesentlichen Anforderungen genügte. Die für die Strecke benötigten Wickel ließen sich einwandfrei herstellen, wenn auch auf eine genau abgepaßte Länge des Gutes verzichtet werden mußte. Auch die verwendete Strecke zeigte nach dem Umbau wesentliche Abweichungen von den vorgeschriebenen Angaben, was Zylinderstellung und deren Belastung sowie Größe und Verteilung der Einzelverzüge betrifft. Trotzdem wurde ein einwandfreies Vlies auf der Wickelstrecke erzeugt. Die Forderung für Garne von hoher Güte auf Abpassung der Mengen des Spinngutes auf ein Vielfaches der Einheit des Austrittgutes der folgenden Maschine konnte aus betriebstechnischen Gründen für die Versuche noch nicht durchgeführt werden.

Es kann sich also, um Irrtümern vorzubeugen, hier nicht um eine Untersuchung des gesamten neuen Spinnverfahrens handeln, sondern lediglich um eine Versuchsreihe mit Anwendung des Hochverzuges auf der Strecke.

II. Teil.

A. Bemerkungen über die Art, Ausführung und Auswertung der Versuche.

a) Die Art und die Ausführung der Versuche.

Die Versuche wurden in zwei Werken, die sich grundsätzlich durch die Geschwindigkeiten der Vorwerke voneinander unterscheiden (siehe Blätter 2÷9), im Rahmen des Großbetriebes vorgenommen. Dies bedeutet, daß auf die sonst für Vergleichsversuche geforderten Vorkehrungen, wie Verwendung derselben Vorgarnspulen und Spindeln, gleicher Luftfeuchtigkeit und Saalwärme, gleich gespannter Spindelschnüre, usw., verzichtet werden mußte. Auch nahmen die Versuche eine derartige Ausdehnung an, daß die anfängliche Absicht, ein und dieselben für diese Zwecke bereitgestellten Baumwollmischungen zu verwenden, aufgegeben werden mußte. Dennoch wurden besondere Vergleichsversuche, soweit als möglich, gleichzeitig und daher aus derselben Baumwollmischung und unter denselben Arbeitsbedingungen vorgenommen. — Alles, was an Beachtung der für kleine Vergleichsuntersuchungen wichtigen Einzelheiten vernachlässigt wurde, ist mehr wie reichlich ersetzt durch die große Summe der Ergebnisse im praktischen Betrieb, was ja letzten Endes wertvoll und ausschlaggebend ist. Besonderes Augenmerk wurde auf die Zahl der Fadenrisse gerichtet, weil hierin ein wesentlicher Anhaltspunkt für die Beurteilung der Brauchbarkeit der Mischung, des Spinnplanes und der Maschinen sowohl als auch des Gespinstes erblickt wurde. Jeder Fadenriß, der nicht durch bekannte äußere Einflüsse, wie Putzen, Aufstecken, Andrehen usw. hervorgerufen war, wurde von der Arbeiterin mit einem Kreidestrich am Aufsteckgatter vermerkt. Bei neuen, nicht eingelaufenen Maschinen wurden diejenigen Spindeln und Walzen, die wiederholt durch viele Fadenrisse auffielen, besonders beobachtet und in Ordnung gebracht. Die Aufschreibung der Zahl der Risse übernahm der betreffende Meister oder ein eigens aufgestellter Aufseher, der auch für jeden Abzug dessen Gewicht und die Luftfeuchtigkeit, die Saalwärme, sowie alle sonst benötigten Angaben in die hiefür bestimmten Vordrucke einschrieb, aus denen dann die Fadenrisse je Kötzer, km und die Lauflänge zwischen 2 Fadenrissen berechnet wurden. Die Luftfeuchtigkeit (relative Feuchtigkeit) wurde an den Versuchsmaschinen mit Aspirations-Psychrometern festgestellt und im Durch-

schnitt für die Versuchsdauer angegeben. Die Zahl der beobachteten
Abzüge (über 1500) wurde möglichst groß gehalten, um zuverlässige
Durchschnittswerte zu erzielen, und manche Maschinen liefen viele
Wochen lang für einen bestimmten Versuch.

Die Zettelgarne wurden für jeden Versuch getrennt in Kisten auf-
bewahrt und nach seinem Abschluß in die Umspulerei (Winderei) gegeben, wo bei der Verarbeitung auf Schlafhorst Kreuzspulmaschinen
wiederum die Anzahl der Fadenrisse (für über 11000 kg Garn) einge-
schrieben wurde. Waren die Garnmengen genügend groß, so wurden
die Fadenrißzählungen in der Zettlerei (für über 371600 kg) und Weberei
(für 114000 m Warenlänge) fortgesetzt. In der Schlichterei wurde die
Aufnahme an Schlichte aus der Gewichtszunahme und die Dehnung im
Verlauf des normalen Betriebes aus den Längenunterschieden errechnet.
Auch das Schußgarn wurde während des Spinnens und beim Weben in
gleicher Weise wie das Zettelgarn beobachtet und die entnommenen
Proben ebenso untersucht. Von einem Teil der fertigen Gewebe wurden
Reißproben gemacht, wobei die Einspannbreite der Gewebe 50 mm und
die Einspannlänge 170 mm betrugen. Ferner sind einzelne Posten in
der Ausrüstungsanstalt weiter verfolgt und insbesondere auf die Höhe
des Sengverlustes untersucht worden. Die hierfür vorgenommenen
Arbeiten waren Sonder-Vergleichsversuche in der Weise, daß verschiedene Waren, nämlich solche aus Hochverzugsgarnen und solche aus
gewöhnlichem Gespinst, gleichzeitig in zwei Bahnen doppelseitig über
die Sengmaschine geführt wurden. Aus dem Gewichtsunterschied vor
und nach dem Sengen wurde der Verlust bestimmt, der durch Absengen
der vom Gewebe wegstehenden Baumwollfasern entstanden war. Ähn-
liche Versuche, die auch über die Längenänderung bei der Veredlung
Aufschluß geben sollten, wurden ebenfalls gemacht.

Die Baumwollmischungen, die für die Versuche dienten, sind bezeichnet mit: I = Mako der Durchschnittsfaserlänge von 29,8 mm, 1 = mit
einem Handelsstapel von 28/30 mm und einer Durchschnittsfaserlänge
von 25,6 mm, 2 = ein Handelsstapel von 28 bis 28/29 mm, dessen Durchschnittsfaserlänge 25,4 mm beträgt, 3 = Secunda, die teilweise aus Ab-
fällen besteht und eine mittlere Faserlänge von 23 mm hat. I ist nord-
ägyptische Baumwolle, 1 bis 3 sind nordamerikanische Baumwollen.

Der Bearbeitungsgang des Streckenbandes bis zum Ringspinner
ist aus den Spinnplänen Blatt 2÷4 zu ersehen. Wenn in manchen
Fällen der Aufbau des Spinnplanes nicht ganz einwandfrei ist, so hing
dies mit praktischen Gründen des Betriebes zusammen.

Verwendung fanden für die Spinnerei-Untersuchungen neue Maschinen der Deutschen Spinnerei-Maschinenbau-A.-G., Ingolstadt, aus-
gerüstet mit Dreizylinder-Streckwerken (D_3) (Abb. 18_1), deren mittlerer
Zylinder zwei Oberwalzen hat, und mit Vierzylinderstreckwerken (D_4)
(Abb. 21_1) sowie mit nach Angaben von Textilingenieur Toenniessen aus

3*

Tübingen, Württemberg, von der Deutschen Spinnereimaschinenbau-A.-G., gebauten Streckwerken (Abb. 22₁); ferner gut eingelaufene neue Ringspinner von J. J. Rieter & Cie., Winterthur, mit einem Dreizylinder-Durchzugsstreckwerk nach Jannink (Abb. 2₁) und der Johannsen-Riffelwalze (46); endlich Maschinen von Platt Bros. ausgestattet mit dem Klappsattel und der Putzwalzeneinrichtung Toenniessen (Abb. 23₁). Außerdem fanden zum Vergleich ständig Untersuchungen von solchen Maschinen statt, die nur für niedere Verzüge eingerichtet waren.

Die Eignung der Streckwerke der Ringspinner, welche, wie bekannt, sich den Fasern anschmiegen müssen, läßt sich oft durch die Ermittlungen der Gleitlänge (44) vor dem Verspinnen beurteilen.

Hierbei wird unter Gleitlänge der Unterschied zwischen Faserlänge und Klemm- und Durchzugslinien-Abstand verstanden. Bei der Feststellung des Verhältnisses zwischen Gleitlänge und Faserlänge wird für letztere der kleinere Wert der Handelsstapelbezeichnung zugrundegelegt, z. B. 28 mm für 28/30 mm Handelsstapel, bzw., wie in dieser Arbeit, der Durchschnitt aus der größten und der mittleren Höhe des Stapelbildes, das aus dem von der verwendeten Baumwolle erzeugten Streckenband hergestellt wurde. Die für die Versuche verwendeten Baumwollen und Streckwerke ergaben als:

Gleitlänge und Faserlänge.

Mischung 1: Höchstwert des Stapelbildes 32,5 mm, Mittelwert 18,6 mm, berechnete „Durchschnittsfaserlänge" 51,1 : 2 = 25,6 mm.

Streckwerk	Drucklinien-abstand	Gleitlänge	$\frac{\text{Gleitlänge} \cdot 100}{\text{Faserlänge}}$
D₃	21,5 mm	4,1 mm	16,02 mm
D₄	20,0 ,,	5,6 ,,	21,9 ,,
T	20,0 ,,	5,6 ,,	21,9 ,,
RJ	20,0 ,,	5,6 ,,	21,9 ,,
PT	21,0 ,,	4,6 ,,	18,0 ,,

Mischung 2: „Durchschnittsfaserlänge" 25,4 mm.

D₃	21,5 mm	3,9 mm	15,35 mm
D₄	20,0 ,,	5,4 ,,	21,26 ,,
T	20,0 ,,	5,4 ,,	21,26 ,,
RJ	20,0 ,,	5,4 ,,	21,26 ,,
PT	21,0 ,,	4,4 ,,	13,32 ,,

Mischung 3: „Durchschnittsfaserlänge" 23,0 mm.

D₃	21,5 mm	1,5 mm	6,52 mm
D₄	20,0 ,,	3,0 ,,	13,04 ,,
T	20,0 ,,	3,0 ,,	13,04 ,,
RJ	20,0 ,,	3,0 ,,	13,04 ,,
PT	21,0 ,,	2,0 ,,	8,7 ,,

Mischung I: „Durchschnittsfaserlänge" 29,8 mm.

D_3	. . . . . . 23,5 mm	6,3 mm	21,14 mm
D_4	. . . . . . 23,0 „	6,8 „	22,28 „
T	. . . . . . 20,0 „	9,8 „	32,89 „

Neben Vergleichen der einzelnen Maschinen unter denselben Bedingungen sollte die Beeinflussung des Spinnvorganges und der Garngüte
durch die Anzahl der Fachungen auf Strecken, Spulern und Ringspinnern
sowie die Einwirkung der Schnelligkeit des Karden-Durchganges, der
Luftfeuchtigkeit, der Spindel-Drehzahl, der Vorgarndrehung und der
Verzugsgröße selbst untersucht werden. Auch die Spinnergebnisse verschiedener Garnnummern und Baumwollmischungen auf den einzelnen
Streckwerken wurden in den Kreis der Versuche einbezogen.

Die Untersuchungen über die Verwendbarkeit des Hochverzugs
auf der Strecke wurden auf Maschinen der Elsässischen Maschinenbau-
gesellschaft zu Mülhausen, Elsaß, vorgenommen, die nach einigen Abänderungen mit folgender Einstellung arbeiteten: Durchmesser in mm:
I = 30, II = 27, III = 30, IV = 30; Belastung in kg: 24, 28, 24. Die
Verteilung der Einzelverzüge war bei einem Gesamtverzug von ungefähr
16,5 zwischen Zylinder I und II = 2,0; II und III = 5,5 und III und
IV = 1,5.

Die Untersuchungen wurden erstreckt auf die Gleichmäßigkeit
der Nummer des auf der Wickelstrecke erzeugten Bandes im Vergleich
mit dreimal auf gewöhnliche Weise gestrecktem Band; ebenso wurde
die aus den genannten Streckbändern hergestellte Groblunte einer vergleichenden Untersuchung auf Gewichtsschwankungen unterzogen.

b) Die Prüfung der Eigenschaften der Gespinste.

Die in der Zusammenstellung der Ergebnisse Bl. 5 ÷ 9 aufgeführten
Werte für die Nummer und die Reißfestigkeit entstammen in den meisten
Fällen 200 Einzelversuchen, entnommen von je 4 Kötzern, die zu einem
Durchschnittswert vereinigt wurden.

1. Die Istnummer (Nfi)

ist der Mittelwert aus $4 \times 5 = 20$ Ermittlungen, wozu von jedem der
4 Kötzer 5 Proben zu 100 m abgewogen wurden.

2. Die Nummernschwankung (NS)

wurde aus dem Unterschied, des größten und kleinsten Wertes in Hundertstel der Durchschnittsnummer errechnet. Bei 15% Nummerschwankungen kann daher angenommen werden, daß auf 100 Proben 85 dieselben Durchschnittsnummern (Nfi) haben, während bei 15 Proben
Abweichungen davon auftreten.

3. Die Reißfestigkeiten

entstammen 4 Kötzern, von denen jeder 50 Proben lieferte. Der Mittelwert dieser 200 Ermittlungen ist die Durchschnittsreißkraft D. Die
geringste Reißkraft ist die Mindestreißkraft M, und das Mittel aus allen
Werten, die unter der Durchschnittsreißkraft liegen, wird als Untermittel (Um) aufgeführt. Garne, welche nur 0,8 D Reißkraft haben,
werden als schwache Stellen (SS), solche mit nur 0,5 D als Schnitte (S)
gekennzeichnet. Je weniger SS ein Garn hat, desto besser ist es. Ergeben 200 Zerreißversuche 12 SS, so sind auf 100 Versuchen 94 einwandfrei und 6 zu beanstanden. Schnitte darf kein Garn aufweisen. Von
mehreren gleichartigen Einzelversuchsergebnissen wurde der Durchschnitt gezogen und in die Zusammenstellung aufgenommen.

c) Die Auswertung der Versuche.

Die Auswertung der Untersuchungsergebnisse ließ neben den folgenden noch manche Frage auftauchen, die außerhalb des Rahmens
der vorliegenden Arbeit liegt, und deren Beantwortung eines vertieften
Studiums wert wäre.

4. Die Gleichmäßigkeit des Garnes.

Eine viel umstrittene Angelegenheit für die Beurteiler der Garngüte
ist die Feststellung einer einheitlichen, geeigneten Ausdrucksart für die
Ungleichheit bzw. Gleichmäßigkeit eines Gespinstes. Diese kann durch
eine Formel rechnerisch oder durch eine Schaulinie zeichnerisch erfaßt
werden.

a) Für die rechnerische Ermittlung der Gleichmäßigkeit der
Gespinste stehen über ein Dutzend Formeln (65) mit ausführlichen
Begründungen zur Verfügung; doch sollen, ohne auf eine Würdigung
der gebotenen Darstellungsmöglichkeiten einzugehen, für die Bewertung
der Untersuchungsergebnisse die zwei der gebräuchlichsten Ausdrücke
gewählt werden, wenn auch im Bewußtsein, daß die beliebtesten nicht
unbedingt die richtigsten Formeln zu sein brauchen. Diese lauten:

$$U^0/_0 = \frac{\text{Durchschnittskraft } D - \text{Mindestreißkraft } M}{\text{Durchschnittskraft } D} \cdot 100 = \frac{D-M}{D} \cdot 100.-$$

$$Uo^0/_0 = \frac{\text{Durchschnittskraft } D - \text{Untermittel } Um}{\text{Durchschnittsreißkraft } D} \cdot 100 = \frac{D-Um}{D} \cdot 100.$$

Die Gleichmäßigkeit ist für diese Fälle:

$$G^0/_0 = \frac{\text{Mindestreißkraft} \times 100}{\text{Durchschnittsreißkraft}} = \frac{M}{D} \times 100;$$

$$Go^0/_0 = \frac{\text{Untermittel} \times 100}{\text{Durchschnittsreißkraft}} = \frac{Um}{D} \times 100.$$

Ebenfalls rechnerisch ermittelte Werte zur Beurteilung der Garngüte sind die aus der Zerreißkraft in kg mal der metrischen Gespinst-
nummer, die sog. Reißlänge (66), und die Zerreißarbeit = Zerreißkraft
mal Dehnung, oft Garngütezahl bezeichnet, welche ebenfalls in den
Zusammenstellungen, Bl. 5÷9₁, aufgenommen wurden.

b) Zeichnerisch durch Schaulinien. Auf dem Schaulinien-
blatt 10 ist angegeben: der Spinnplan (SP), die Ordnungsnummer (ON)
des Einzelversuchs in den Blättern 5÷9, welcher der Schaulinie zugrunde liegt, die Durchschnittsnummer, Nfi, des Garns, das Streckwerk
(Stw) und die U% und Uo%. Die Zahl in Klammern neben der Durchschnittsnummer kennzeichnet die Nummer, auf die die Reißkraftwerte
vorgenannter Durchschnittsnummer umgerechnet wurden, um die Ver-
gleichsdarstellung zu erleichtern. Auf der wagerechten Achse ist die
Anzahl der Zerreißversuche aufgetragen, auf der senkrechten Achse die
Reißfestigkeit in Gramm.

Die Schaulinien sind gebildet aus je 200 Zerreißversuchen mit ein-
fachem Faden, welche auf einem Fadenprüfer von L. Schopper, Leipzig,
mit Dehnungsmesser und gleicher Reißzeit vorgenommen wurden. Die
erhaltenen Werte wurden der Größe nach geordnet und zu Gruppen
zusammengefaßt, welche durch die wagerechten Linien dargestellt sind.

Die 1. Gruppe enthält alle Werte mit der Höchstreißfestigkeit;
Gruppe 3 setzt sich zusammen aus Werten, die um 10% unter dem
Höchstwert liegen.

In Gruppe 2 sind alle zwischen 1 und 3 liegenden Werte zu einem
Mittelwert zusammengefaßt.

Gruppe 5 enthält alle Werte die 20% unter dem Höchstwert liegen.
Gruppe 7 enthält alle Werte, die 30% unter dem Höchstwert liegen.
Gruppe 9 enthält alle Werte, die 40% unter dem Höchstwert liegen.
Gruppe 4 stellt das Mittel aller Werte dar, die zwischen Gruppe 2
und 5 liegen. Gruppe 6 stellt das Mittel aller Werte dar, die zwischen
Gruppe 5 und 7 liegen usw.

Die Anzahl der in den einzelnen Gruppen enthaltenen Werte ist
maßgebend für die Länge der betreffenden Geraden. Die wagerechten
Geraden sind in ihren Endpunkten durch Senkrechte verbunden und
bilden so den Linienzug der „Schaulinie".

Durch die gestrichelten Höhenspiegel sind dargestellt: die Durchschnittsreißkraft D, die schwachen Stellen SS (= 0,8 D), die Schnitte S
(= 0,5 D).

Die eingezeichneten Dehnungswerte E gehören zu den entsprechenden Reißfestigkeiten und sind aufgetragen als Anzahl mm, um die sich
ein Fadenstück von 1 m vor dem Zerreißen verlängert.

Den Schaulinien wurde als Ungleichförmigkeitsgrad der oben-
erwähnte Begriff U% zugrunde gelegt, welcher besser sein soll (1) als

Uo⁰/₀, weil es für den Verbraucher darauf ankomme, die schwachen und schwächsten Stellen zu kennen und nicht einen Wert, das sog. Untermittel, unter dem noch die Festigkeiten der schwächsten Stellen liegen. Für die Beurteiler, welche an die das Untermittel in Betracht ziehende Formel gewöhnt sind, ist der Ungleichförmigkeitsgrad Uo% auch angegeben.

Die schräge Gerade erhält man, wenn man vom Ausgangspunkt des Spiegels für die Durchschnittsfestigkeit den Wert Durchschnittsfestigkeit — Mindestfestigkeit (D — M) abträgt. Es ist dann:

$$\operatorname{tg} a = \frac{\text{Durchschnittsfestigkeit} - \text{Mindestfestigkeit}}{\text{Durchschnittsfestigkeit}},$$

weshalb man sich aus der Schräge der Geraden ein Bild von dem Ungleichmäßigkeitsgrad des Gespinstes machen kann (1). Je größer der Winkel a ist, desto ungleichmäßiger ist die Güte des Fadens.

Zusammenfassend ist über die Schaulinien noch zu sagen, daß eine Schaulinie nur einen einzigen Einzelvergleichsversuch von 200 Proben wiedergeben kann, während in den häufigsten Fällen auf der Zusammenstellung der Ergebnisse der Durchschnitt einer größeren Anzahl von Einzelversuchen zugrunde liegt, weshalb dann die auf den Schaulinien angegebenen Werte von U%, Uo% usw. nicht mit den Werten der Zusammenstellung übereinstimmen können.

Im ganzen sind 154 Schaulinienblätter zusammengestellt, wegen der hohen Kosten ihrer Wiedergabe wurden (Blatt 10) nur einige ausgewählt.

5. Vergleich der Ergebnisse der Versuche miteinander.

Zum Vergleich können nur Garne gleicher Sollnummer und gleichen oder wenig voneinander abweichenden Mischungen mit demselben Draht verglichen werden.

Die aus einer grundlegenden Arbeit (64) sich ergebenden bewährten Gesetze für die Umrechnung der Ergebnisse der Garnprüfung von der Istnummer auf die Sollnummer unter den verschiedensten praktischen Bedingungen wurden hierzu ausgenützt, um einen Vergleich der Garngüten herbeizuführen. So wurden errechnet: die Durchschnittsreißkraft für die Sollnummer (Ds) = Durchschnittskraft der Istnummer (Di) × Sollstapel (Ls) : Iststapel (Li) × Istnummer (Ni) : Sollnummer (NS), also: $Ds = Di \times \dfrac{Ni}{Ns} \times \dfrac{Ls}{Li}$. Dehnung für die Sollnummer (Es) = Dehnung für die Istnummer (Ei) × Drahtzahl für die Sollnummer (bs) : Drahtzahl für die Istnummer (bi) × Stapel für die Sollnummer (Ls) : Stapel für die Istnummer (Li), also: $Es = Ei \times \dfrac{bs}{bi} \times \dfrac{Ls}{Li}$.

Gleichmäßigkeit für die Sollnummer (Gs) = Gleichmäßigkeit für die Istnummer (Gi) × Istnummer (Ni) : Sollnummer (Ns) × Stapel für die Sollnummer (Ls) : Stapel für die Istnummer (Li), also: Gs = Gi mal $\dfrac{Ni}{Ns} \times \dfrac{Ls}{Li}$.

Es ist ferner naheliegend, daß bei langsamer Spindelumdrehung die Zahl der Fadenrisse auf einen km Garnerzeugung geringer sein wird als bei schneller Umdrehung.

Weil bisher diese Abhängigkeit noch nicht gesetzmäßig festgelegt ist, wurde bei der Auswertung der Prüfergebnisse, wenn notwendig, auf die Spindeldrehzahlen verwiesen.

Zur Erleichterung der Begutachtung der Streckwerke und Garne wurden die wesentlichen, in Betracht kommenden Ermittlungen auf den Blättern 11÷13 unter Berücksichtigung ihrer guten Seiten zusammengestellt. So wurden unter ONS die Anzahl der nicht von der Istnummer abweichenden unter den 100 Versuchen angegeben; unter OSS sind nicht die Anzahl der SS, sondern die einwandfreien der 100 ermittelten Werte angegeben. Alle Größen zusammengezählt ergibt die Summe (Se), welche bei der Abschätzung gute Dienste leisten kann, denn ohne daß die einzelnen Werte untereinander in noch zu ermittelnde Verhältnisse gebracht sind, wird das Garn um so besser und die Erfolge des Streckwerks um so höher sein, je größer die Se ist (1).

6. Erklärung der Abkürzungen in den Beschriftungen der Zusammenstellungen.

Die als Kennzeichnungen der einzelnen Reihen verwendeten Abkürzungen besagen: a) Spinnpläne (Bl. 2÷4). ON = Ordnungsnummer; Mi = Mischung; SP = Spinnplan. Die oft hinter dem Spinnplan eingeklammerte Zahl gibt seine Ordnungsnummer an. b = Drahtzahl = t_{cm}: $\sqrt{N_{fs}}$; t_{cm} = Drehungen je cm; m = berechnete entwickelte Länge des Auszylinders in m = n_s (Spindeldrehzahl): t_m; V = Verzug; N_{fs} = Ausnummer französisch (Soll), (Anzahl km auf 0,5 kg); N_L = Nummer des Läufers.

Auf den Zusammenstellungen der Versuchsergebnisse (Bl. 5÷9), welche nach Kett- und Schußgarnen und ihren Nummern und innerhalb dieser nach den Verzugsgrößen geordnet sind, kommen noch folgende Abkürzungen vor:

B = Besonderes; V/f = Verzug bei Fachung; Stw = Streckwerk; F% = Saalfeuchtigkeit %; W°C = Wärme des Saales in Grad Celsius; gW/kg L = Gramm Wasser je kg Luft; Nfi = französische Istnummer des Ausgutes = Durchschnittsnummer des Gespinstes; NS in % der Nfi = Nummerschwankung in Prozent der französischen Istnummer; p = Gewicht des Kötzers in g; m = m der Fadenlänge je Kötzer; kmR je Riß = Lauflänge des Garnes zwischen zwei Fadenrissen; D in g = Durchschnittsreißkraft in Gramm; Um in g = Untermittel in Gramm; M = Mindestzerreißkraft in Gramm; E in % = Dehnung bis

zum Riß in Prozent der angespannten Länge; D × E in mg = Zerreißarbeit des Garnes in Gramm mal cm; R in km = Reißlänge in km;
U in % = Ungleichförmigkeitsgrad in Hundertstel der Durchschnittsreißkraft unter Berücksichtigung der Mindestzerreißkraft; Uo% = Ungleichförmigkeitsgrad in Hundertstel der Durchschnittsreißkraft unter
Berücksichtigung des Untermittels; M/D = Mindestzerreißkraft : Durch-
schnittszerreißkraft = G = Gleichmäßigkeit des Gespinstes; ns = Drehzahl der Spindel, der Antriebswelle oder des Webstuhls; GK = Gewebe
kennzeichnung; GL in m = beobachtete Gewebelänge in m. — In den
Gegenüberstellungen der guten Eigenschaften (Bl. 11 ÷ 13) sind noch
abgekürzt mit: ONS = ohne Nummerschwankungen; OSS = ohne
schwache Stellen; Se = Summe aller guten Eigenschaften der Gespinste.
— Auf der Zusammenstellung Lohn je kg bedeuten: Bw = Baumwolle;
St = Strecke; Sp = Spuler; Rsp = Ringspinner; Zus = Zusammen.
    Als nähere Erläuterung zu den obigen Abkürzungen dienen:

1. Streckwerke:

$D_3 — 21,5 — 60$ = Streckwerk (Abb. 18_1) mit 3 Unterzylindern
und 4 Oberwalzen, wovon zwei auf dem Mittenzylinder, deren dem Auszylinder am nächsten gelegene Oberwalze von ihm um 21,5 mm entfernt
ist und ein Gewicht von 60 g hat. Ausführung Deutsch gebaut von der
Deutschen Spinnereimaschinenbau-A.-G., Ingolstadt.

$D_4 — 20 — 75$ = Streckwerk (Abb. 21_1) mit 4 Unterzylindern und
4 Oberwalzen, mit einem Abstand der beiden vorderen von 20 mm und
einem Gewicht von nahezu 75 g der zweiten Oberwalze; Ausführung
der Deutschen Spinnereimaschinenbau A.-G., Ingolstadt.

T 20 — 40, T 20 — 50, T 20 — 60, bzw. T 20 — 70 = Streckwerk
(Abb. 22_1) mit 4 Paar Zylindern nach Angaben von Toennissen, Textilingenieur in Tübingen, Württemberg, ausgeführt von der Deutschen
Spinnereimaschinenbau-A.-G., Ingolstadt, mit einem Abstand von
20 mm zwischen den ersten beiden Walzenpaaren und einem Gewicht
der zweiten Oberwalze von 40 — 50 — 60 bzw. 70 g.

RJ = Rieter-Jannink Streckwerk mit Johannsens geriffelter Oberwalze auf dem zweiten Unterzylinder gebaut von J. J. Rieter & Cie. in
Winterthur/Schweiz.

PT = Vierzylinder-Streckwerk (Abb. 23_1) von Platt Bros., Oldham,
England, abgeändert und mit Klappsattel und Unterputzwalzenhalter
von Toeniessen versehen.

KS = gewöhnliches Klemmstreckwerk mit 3 Paar Zylindern von
Howard & Boullough, Ltd., in Accrington, mit Sattelbelastung SB oder
Eigenbelastung EB der mittleren und hintern Oberwalzen.

GL = die Gleit- oder Durchzugsstreckwerke $D_3 — 50$; $D_4 — 75$;
T 40; T 60.

2. Gutbezeichnungen:

SK	=	Vorgarn bei schneller Kardenlieferung (ung. 6 kg/h);
LK	=	,, bei langsamer Kardenlieferung (ung. 4,2 kg/h);
2×6 fach	=	,, mit zwei Streckendurchgängen zu je 6 Fachungen;
3×8 fach	=	Vorgarn mit drei Streckendurchgängen zu je 8 Fachungen;
S 2	=	Vorgarn, hervorgegangen aus zwei Streckendurchgängen;
S 3	=	,, hervorgegangen aus drei Streckendurchgängen;
m	=	,, mit mehr Drehung als üblich;
w	=	,, mit weniger Drehung als üblich;
R 1	=	,, welches nur eine Hochverzugsstrecke nach Roth durchlaufen hat;
R 2	=	,, welches eine Hochverzugsstrecke nach Roth und eine gewöhnliche Strecke durchlaufen hat;
R 1 T	=	,, R 1 verarbeitet auf T-Streckwerk;
R 1 D 3	=	,, R 1 ,, ,, D 3 ,, ;
R 1 D 4	=	,, R 1 ,, ,, D 4 ,, ;
R 2 T	=	,, R 2 ,, ,, T ,, ;
R 2 D 3	=	,, R 2 ,, ,, D 3 ,, ;
R 2 D 4	=	,, R 2 ,, ,, D 4 ,, ;

B. Besprechung der Versuche.

1. Der Einfluß der Baumwollmischung.

Nf 25 Z; ON 38—39 ; SP 10_2; I, II, III; V 15,62; f 2; Stw./D 4.
— 1, 2_{11}; Schaulinie 1_{10} —

Daß Mi 2 ein etwas schlechteres Ergebnis in der G und den SS erzielte, ist wohl weniger dem geringen Unterschied in den Gleitlängen (5,6 — 5,4) zuzuschreiben, als den Unreinheiten in der Baumwolle, welche den Verzugsvorgang nachteilig beeinflussen.

2. Der Einfluß der Kardenlieferung.

Nf 25 Z; ON $30 \div 37_6$; SP 9_2; I, III_1; V 12,5; f 2; Stw GL.
— $3 \div 10_{11}$ —

Es zeigt sich auf D3 die langsame Kardenlieferung LK (ungefähr 4,2 kg in 1 Stunde) gegenüber der schnellen Kardenlieferung SK (ungefähr 6,5 kg in 1 Stunde) in allen Werten bis auf die NS überlegen; während auf D4 noch die km R für die LK kleiner als für die SK sind.

Auf T 40 ergibt die LK ein Garn mit besserer G und E als die SK, sonst ist aber letztere überlegen. Auf T 60 ist das mit LK gesponnene

Garn nur in der R und der E besser als das mit SK in der G. Die von D3 und D4 gelieferten Garne sind in bezug auf G empfindlicher gegenüber der Kardenlieferung als die von T 40 und T 60 (Unterschied für D3: 6,3%, D4: 14,5%; für T 40: 2,1% und für T 60: 2,74%.

Nf 25 Z; ON $40 \div 47$; SP 11_2; I, II_1; V 12,5; f 1; StwGL.
— $11 \div 18_{11}$ —

Bis auf Streckwerk T 60 ergibt die LK etwas bessere Garne als die SK.

Zusammenfassend (19, 20_{11}) läßt sich sagen: Mit SP 9, ON $3 \div 10_{11}$, zeigt sich in den Rißzahlen kein vorteilhafter Einfluß der LK, weder in der Spinnerei (Mittel kmR 4,88 bis 3,89 SK), noch in der Umspulerei (Mittel kmR 11,46 SK — 9,45 LK); im Gegenteil hatten die mit LK erzeugten Garne mehr Risse, und zwar in der Umspulerei die von T: 5,644—3,56 LK, die von D3 und D4: 4,114 — 4,108 LK.

Bei SP 11_2, ON $11 \div 18_{11}$, zeigt sich die LK (kmR = 5,178 — 3,735 SK) in der Spinnerei und Spulerei (11,21 kmR — 8,084) überall besser als die SK. Am größten ist der Unterschied zugunsten der LK bei D3, wo nur fast die Hälfte der Risse, von denen der schnellen Kardenlieferung zu zählen waren.

Nf 10 Z; ON $93 - 94_8$; SP 25; I, II; V 11,11; f 1; Stw 72.
— 21, 22_{11}; Schaulinie 2_{10} —

Untersucht wurde ferner Mi 3, in welcher zum größten Teil Abfälle enthalten sind. Die Garne bei der LK zeigen bis auf die NS und die SS bessere Werte. Außerdem kamen in der Umspulerei auf kmR 15,63 bei LK nur 12,82 bei SK.

Alles zusammenfassend läßt sich feststellen, daß der günstige Einfluß einer langsameren Kardenlieferung auf die Garnerzeugung mit höheren Verzügen auf Durchzugsstreckwerken unverkennbar ist und dies desto mehr je geringer die verwendete Baumwollmischung ist (ON 93, 94_8).

3. Der Einfluß der Streckenfachungen.

Nf 17 Z; ON $77 - 78_8$; SP 13_2; I, II; V 13,08; f 1; Stw R 72.
— 23, 24_{11} —

Das mit 3×8 Fachungen auf den Strecken hergestellte Garn ist besser als das mit 2×6 in der G, R, NS und in den kmR; schlechter in der E und der SS.

4. Der Einfluß der Anzahl der Spulerdurchgänge bei gleichem Verzug am Ringspinner.

Nf 25 S; ON 103$_9$; SP 31$_3$ (38); I, II, III; V 10,42; f 1; StwR 64;
Nf 25 S; ON 105$_9$; SP 32$_3$ (40); I, III$_1$;   V 10,87, f 1; StwR 64;
Nf 25 S; ON 107$_9$; SP 33$_3$ (42); I, III;   V 10,87; f 1; StwR 64.
$$- 25 \div 27_{11} -$$
Die größten Unterschiede treten bei den kmR auf.

Nf 25 S; ON 104$_9$; SP 31$_3$ (39); I, II, III; V 10,42; f 1; StwP 75; —
Nf 25 S; ON 106$_9$; SP 32$_3$ (41); I, III$_1$;   V 10,87; f 1; StwP 75; —
Nf 25 S; ON 108$_9$; SP 33$_4$ (43); I, III;   V 10,87; f 1; StwP 75.
$$- 28 \div 30_{11} -$$
Aus den Angaben geht hervor, daß die Fachungen sich am fühlbarsten in den kmR auswirken und diese mit geringeren Fachungen zunehmen.

Nf 25 S; ON 115$_9$; SP 35$_4$; I, II, III; V 13,89; f 1; StwR 64; —
Nf 25 S; ON 116$_9$; SP 36$_4$ (50); I, II$_1$; V 13,89; f 1; StwR 64.
$$- 31, 32_{11} -$$
Dieses Beispiel zeigt besonders deutlich, wie bei mehr Spulerdurchgängen und -Fachungen die G und die kmR der Garne bedeutend besser sind.

Nf 25 S; ON 122$_9$; SP 41$_4$; I, II, III; V 16,67; f 2; StwR 64; —
Nf 25 S; ON 123$_9$; SP 42$_4$; I, III$_1$;   V 16,67; f 2; StwR 64.
$$- 33, 34_{11} -$$
Beide Garne haben, trotz des hohen Verzuges von 16,67 weder S noch SS (doppelte Aufsteckung am Ringspinner).

Nf 25 S; ON 119$_9$; SP 38$_4$; I, II, III, IV; V 12,5; f 2; StwR 64; —
Nf 25 S; ON 120$_9$; SP 39$_4$; I, III$_1$;   V 12,5; f 2; StwR 64.
$$- 35, 36_{11} -$$
Der Vergleich der Ziffern zeigt, daß allzuviel Spulerdurchgänge auf die Gesamtsumme nachteilig wirken.

Nf 12 Z; ON 83$_6$; SP 17$_3$; I, II; V 16; f 1; StwR 72; —
Nf 12 Z; ON 84$_6$; SP 18$_3$; I;   V 16; f 1; StwR 72.
$$- 40, 41_{11} -$$
Die größere Anzahl der Spulerdurchgänge war vorteilhaft für die Güte der R, E (allerdings mehr Garndrehung b = 5,67 — 5,14) und besonders der NS; während die kmR bedeutend geringer sind.

Zusammenfassend ist bezüglich des Einflusses der Anzahl Spulerdurchgänge und Fachungen für die Garne Nf 25 S (35, 33, 37 bis 39 a$_{11}$) festzustellen: Der günstige Einfluß von drei Spulerdurchgängen mit f = 5 (ON 115$_9$) ist unzweifelhaft; doch lassen sich mit zwei Spulerdurchgängen (f = 3; ON 108$_9$) bei geeigneter Wahl der Verzüge und Fachungen noch recht gute Ergebnisse erzielen. Vier Spulerdurchgänge (f = 7, ON 119$_9$) erweisen sich als nachteilig für die Güte des Garnes. Trotz der guten Gesamtzahl bei 2 Spulerdurchgängen und f = 2 (ON 120) ist dieser SP wegen der geringen kmR nicht empfehlenswert.

Für grobe Garne Nf 12 aus gleicher Mischung wie die feineren Garne sind zwei Spulerdurchgänge (f = 3, ON 83$_8$) wenig günstiger als einer (f = 1, ON 84$_8$).

5. Der Einfluß der Spulerfachungen bei gleichem Verzug am Ringspinner aber verschiedener Aufsteckung.

Nf 25 Z; ON 40÷51 — 56÷58 — 64÷67 — 72÷75 ; SP 11$_2$; I, III$_1$; V 12,5; f 1; StwGl.

Nf 25 Z; ON 30÷37 — 52÷55 ; SP 9$_2$; I, III$_1$; V 12,5; f 2; StwGl.

— 42, 43$_{11}$ —

Die Garne nach SP 9$_2$ sind besser in G, etwas schlechter in R, trotz weniger g Wasser je kg Luft (10—11,48), kmR und haben weniger SS als die nach SP 11$_2$ hergestellten.

Die verschiedenen Streckwerke stimmen in den Ergebnissen ziemlich überein.

Nf 25 Z; ON 72$_7$; SP 9 (14)$_2$; I, III$_1$; V 12,5; f 2; StwT 60; —

Nf 25 Z; ON 73$_7$; SP 11 (16)$_2$; I, III; V 12,5; f 1; StwT 60. —

— 44, 45$_{11}$ —

Die aus Vorgarn R 2 nach SP 9$_2$ und 11$_2$ hergestellten Garne sind mit Spulerfachungen 3 bedeutend besser als die mit 2 Spulerfachungen trotzdem sie weniger kmR aufweisen.

Nf 25 Z; ON 30÷33$_6$; SP 9 (14)$_2$; I, III$_1$; V 12,5; f 2; StwGl; —

Nf 25 Z; ON 44÷47$_6$; SP 11 (16)$_2$; I, III; V 12,5; f 1; StwGl.

— 46, 47$_{11}$ —

Die Garne mit Spulerfachung 2 nach SP 9$_2$ sind in allen Größen besser als die mit 3 Spulerfachungen hergestellten.

Nf 25 Z; ON 48÷51$_6$; SP 11 (16)$_2$; I, III; V 12,5; f 1; StwGl; —

Nf 25 Z; ON 52÷55$_7$; SP 9 (14)$_2$; I, III$_1$; V 12,5; f 2; StwGl.

— 48, 49$_{11}$ —

Im vorliegenden Vergleich zeigten sich die Garne nach SP 9 $(14)_2$ in G und NS durchweg ungünstiger, weisen aber eine etwas höhere R und E auf als nach SP 11 $(16)_2$.

Dies würde zeigen, daß für die Verbesserung der G eine Vermehrung der Fachungen an den Spulern mehr Erfolg hat als am Ringspinner, während die R durch erhöhte Ringspinner-Fachung vergrößert werden können.

Die nach SP 11_2 gesponnenen Garne sind in den kmR besser in der Spulerei (25,1 — 18,34) und Zettlerei (561,8 — 404,89) als die mit 2 Spinnerfachungen gesponnenen Garne.

Zusammenfassung der bisherigen Ergebnisse für Nf 25 Z (42 ∿ 48, 43 ∿ 49_{11}). Für die mit zwei Spulerdurchgängen gesponnenen Garne Nf 25 Z (ON 50, 51_{11}), wurde untersucht, ob es bei gleichem Verzug auf dem Ringspinner günstiger ist, zwei Fein-Spulerfachungen und eine Spinnerfachung (SP 11_2) anzuwenden oder eine Feinspulerfachung und zwei Spinnerfachungen (SP 9_2). Ersteres wirkt sich für die E und die SS der Garne günstiger aus, letzteres in geringerem Maß für alle übrigen Größen; dabei ist zu berücksichtigen, daß bei SP 11_2 auf den Spulern 3 Fachungen und bei SP 9_2 nur 2 Fachungen sind.

Nf 25 S; ON 116_9; SP 36_4; I, II_1;   V 12,89; f 1; StwRJ; —
Nf 25 S; ON 121_9; SP 40_4; I, II_1, III_1; V 14,7; f 2; StwRJ.
$$— 32, 52_{11} —$$

SP 40_4 hat gegenüber SP 36_4 beide auf RJ bessere Ergebnisse in bezug auf G, R, kmR und SS der Garne. Einzig besser ist die NS bei f = 1 SP 36_4.

Es zeigt sich hier deutlich, daß bei einem Verzug von ungefähr 14 für Nf = 25_8 die größere Anzahl der Spulerfachungen vorteilhafter ist.

Nf 12 Z; ON 86_8; SP 20_3; I, II, III; V 12;   f 2; StwRJ.
Nf 12 Z; ON 82_8; SP 16_3; I, II;   V 11,43; f 1; StwRJ.
$$— 53, 54_{11} —$$

Aus der geringen Überlegenheit der mit f = 5 + 2 gesponnenen Garne gegenüber denen aus f = 3 + 1 sieht man also, daß die vielen Fachungen an Spulern (und am Ringspinner) in diesem Fall, d. h. für grobe Garne, nicht nötig wären.

Allerdings ist für die Nf 12 Z eine verhältnismäßig zu gute Baumwolle verwendet worden, was aber wegen der Erfordernisse des Betriebes nicht zu umgehen war.

Nf 10 Z; ON 96_8; SP 23_3; I, II, III; V 5;   f 1; Stw·RJ; —
Nf 10 Z; ON 95_8; SP 26_3; I, II;   V 11,76; f 1; Stw·RJ.

— 55, 56_{12} —

Unter Verwendung der Mischung 3 wurden auf RJ nach den SP 26 und 23 Garne von Nf = 10 gesponnen. Es ergibt sich für die Garne nach SP 23 (f = 5 + 2; ON 56) eine starke Überlegenheit über die nach SP 26 (f = 3 + 1; ON 57) gesponnenen.

Dagegen sind bei SP 23_3 die Fadenrisse bedeutend häufiger aufgetreten als bei SP 26_3, was wohl auf die doppelte Aufsteckung am Ringspinner zurückzuführen ist. Das doppelt aufgesteckte und deshalb feinere Vorgarn mußte wegen des kurzen Stapels viel mehr Drehung haben, was für die Verarbeitung an Dreizylinder-Durchzugsstreckwerken unvorteilhaft ist.

Zusammenfassung der beiden letzten Ermittlungen:

Verglichen wurden Garne Nf = 10 und 12 (ON 57, 58_{12}), die mit gleichem Verzug am Spinner, aber verschiedenen Fachungen auf dem Spinner und auf den Spulern erzeugt wurden.

Mehr Spulerfachungen in Verbindung mit doppelter Aufsteckung auf dem Ringspinner zeigten im allgemeinen bessere Ergebnisse. Weniger Spulerfachungen bei einfacher Aufsteckung auf dem Ringspinner ergaben dagegen weniger Fadenrisse. Man sieht, daß zahlreiche Spulerfachungen bei groben Garnen den nachteiligen Einfluß der doppelten Aufsteckung auf dem Spinner auf die Zahl der Fadenrisse nicht ausschalten können.

6. Der Einfluß der Spulerfachungen bei gleichem Verzug und gleicher Aufsteckung am Ringspinner.

Nf 25 S; ON 100_8; SP 29_3; I, II, III; V 8,33; f 1; Stw·RJ; —
Nf 25 S; ON 99_8; SP 28_3; I, II_1, III_1; V 7,35; f 1; Stw·RJ.

— 59, 60_{12} —

Der Einfluß der Spulerfachungen äußert sich hier zugunsten der G und NS. Die kmR, R und E sind bei den Garnen nach SP 29 (f = 3 + 1) besser als die mit f = 5 + 1; G und NS haben einen so überwiegenden Einfluß, daß die Summe aller Eigenschaften der Garne zugunsten von f = 5 + 1 ausfällt. _____

Nf 25 S; ON 105_9; SP 32_3; I, III_1; V 10,87; f 1; Stw·RJ; —
Nf 25 S; ON 107_9; SP 33_3; I, III; V 10,87; f 1; Stw·RJ.

— 26, 27_{11} —

Mit einer Spulerfachung 2 sind die Garne in G und NS besser aber in kmR bedeutend schlechter.

Nf 25 S; ON 108_9; SP 33_3; I, III; V 10,87; f 1; StwPT; —
Nf 25 S; ON 106_9; SP 32_3; I, III_1; V 10,87; f 1; StwPT. —

— 29, 30_{11} —

Auch hier ist nur in den kmR ein Unterschied festzustellen zugunsten der größeren Spulerfachungen.

Nf 12 Z; ON 86_8; SP 20_3; I, II, III; V 12; f 2; StwRJ; —
Nf 12 Z; ON 87_8; SP 21_3; I, III_1; V 13,24; f 2; StwRJ.

— 53_{11}, 63_{12} —

Auch hier fielen alle Werte zugunsten der größeren Spulerfachung (5) aus.

_____

Zusammenfassend ist festzustellen (ON 59, 61, 62_{12}), daß bei gleichem Verzug und gleicher Fachung am Ringspinner die mit mehr Spulerfachungen gesponnenen Garne in jeder Beziehung besser sind; denn trotzdem die Summen der Werte für die f $= 3 + 1$ und f $= 2 + 1$ wenig voneinander abweichen, so sind doch die großen Unterschiede in den kmR ausschlaggebende.

7. Der Einfluß der Fachung (Aufsteckung) am Ringspinner bei gleichem Vorgarn und verschiedenem Verzug.

Nf 25 Z; ON $26 \div 29_6$; SP 9 $(13)_2$; I, III_1; V 6,25; f 1; StwGl; —
Nf 25 Z; ON $52 \div 55_7$; SP 9 $(14)_2$; I, III; V 12,5; f 2; StwGl.

— 64, 65_{12} —

Die nach SP 9, f $= 2 + 2$ gesponnenen Garne haben bedeutend weniger Risse sowohl in der Spinnerei als auch Spulerei (kmR 18,34 — 13,61) als die nach SP 9, f $= 2 + 1$. — Im allgemeinen ist hier doppelte Aufsteckung bei doppeltem Verzug auf den Ringspinner-Streckwerken vorteilhafter als die einfache.

_____

Nf 25 S; ON 122_9; SP 41_4; I, II, III; V 16,67; f 2; StwRJ; —
Nf 25 S; ON 100_8; SP 29_3; I, II, III; V 8,33; f 1; StwRJ.

— 33_{11}, 59_{12} —

Die auf RJ nach SP 40, also mit doppelter Aufsteckung am Ringspinner gesponnenen Garne sind im Vergleich mit den nach SP 28 hergestellten besser.

_____

Nf 25 S; ON 121_9; SP 40_4; I, II_1, III_1; V 14,7; f 2; StwRJ; —
Nf 25 S; ON 99_8; SP 28_3; I, II_1, III_1; V 7,35; f 1; StwRJ.

— 52_{11}, 60_{12} —

Hier ist die doppelte Aufsteckung am Spinner vorteilhaft, gegenüber der einfachen bei halbem Verzug.

_____

Nf 12 Z; ON 79$_8$; SP 14$_3$; I, II, III; V 6; f 1; StwRJ; —
Nf 12 Z; ON 80$_8$; SP 14$_3$; I, II, III; V 6; f 1; StwKS; —
Nf 12 Z; ON 86$_8$; SP 20$_3$; I, II, III; V 12; f 2; StwRJ.

— 66, 67$_{12}$, 53$_{11}$ —

SP 20$_3$ (f = 5 + 2) (68$_{12}$) ist günstiger als SP 14$_3$ (f = 5 + 1) (66$_{12}$). Der größte Unterschied ist in der Rißzahl; hier ist auf RJ das nach SP 20$_3$, also mit doppelter Aufsteckung, hergestellte Garn viel besser gelaufen als das nach SP 14$_3$ (f = 5 + 1). Das KS zum Vergleich heranzuziehen, ist wegen der viel geringeren Drehzahl (6782—7400) seiner Spindeln nicht ratsam. In NS und E ist kein großer Unterschied.

Nf 10 Z; ON 91$_8$; SP 23$_3$; I, II, III; V 5; f 1; StwRJ; —
Nf 10 Z; ON 96$_8$; SP 23$_3$; I, II, III; V 10; f 2; StwRJ.

— 69, 55$_{12}$ —

Die doppelte Aufsteckung am RJ-Spinner ist für die G, NS und die kmR der Garne günstiger als die einfache Aufsteckung bei halb so großem Verzug, ungünstiger für die R, die kmR, die E sind in beiden Fällen ziemlich gleich.

Nf 10 Z; ON 92$_8$; SP 24$_3$; I, II; V 9,09; f 1; StwRJ; —
Nf 10 Z; ON 97$_8$; SP 24$_3$; I, II; V 18,18; f 2; StwRJ.

— 70, 71$_{12}$ —

Die doppelte Aufsteckung ON 97$_8$ ist auch hier bedeutend günstiger für die G der Garne.

Nf 10 Z; ON 89$_8$; SP 22$_3$; I, II, III; V 4,55; f 1; StwKS, EB; —
Nf 10 Z; ON 96$_8$; SP 23$_3$; I, II, III; V 10; f 2; StwRJ.

— 72, 55$_{12}$ —

Vorliegender Vergleich ist dadurch beeinträchtigt, daß nicht nur verschiedene Spinnpläne, sondern auch verschiedene Streckwerke zur Erzeugung der verglichenen Garne verwendet wurden. Die mit doppelter Aufsteckung auf RJ (SP 23$_3$) gesponnenen Garne sind in allem bedeutend besser, als die mit einfacher Aufsteckung hergestellten. Hingegen haben sie in der Spulerei weniger kmR (28,34—20,41). — Allerdings herrschte in der Spinnerei bei der RT-Maschine viel geringere Feuchtigkeit als bei der KS-Maschine (g Wasser/kg Luft 10,6—6,75).

Zusammenfassung. Für die aus Mi 1 für feinere Nummern gesponnenen Garne läßt sich das Ergebnis dieser Untersuchungen dahingehend zusammenfassen, daß bei gleicher Vorgarnnummer und gleicher Feingarnnummer jeweils die doppelte Aufsteckung am Ringspinner bei doppeltem Verzug günstiger ist, als die einfache Aufsteckung; dies trifft besonders zu für die G der Garne und die kmR und SS.

Im Gegensatz hierzu ist für die groben aus Mi 3 hergestellten Garne die doppelte Aufsteckung bei doppeltem Verzug am Spinner besonders ungünstig für kmR, auch die R sind schlechter. Sehr vorteilhaft macht sich auch hier die doppelte Aufsteckung für die G und NS bemerkbar.

8. Der Einfluß der Fachung (Aufsteckung) am Ringspinner bei gleichem Verzug und verschiedener Vorgarnnummer.

Alle unter 5 vorgenommenen Vergleiche könnten hier nochmal aufgeführt werden; sie sollen jedoch nur am Ende in der Zusammenfassung erwähnt werden.

Nf 25 S; ON 115$_9$; SP 35$_4$; I, II, III; V 13,89; f 1; StwRJ; —
Nf 25 S; ON 121$_9$; SP 40$_4$; I, II, III$_1$; V 14,7; f 2; StwRJ.
— 31, 52$_{11}$ —

SP 35$_4$ mit einfacher Aufsteckung ergab für die Garne bessere G, NS und besonders kmR, bei allerdings höherer Feuchtigkeit (g Wasser pro kg Luft 13,25—11,15); dagegen waren R und SS schlechter als bei den nach SP 40$_4$ gesponnenen Garnen.

Nf 25 S; ON 118$_9$; SP 37$_4$; I, III; V 16,67; f 1; StwRJ; —
Nf 25 S; ON 123$_9$; SP 42$_4$; I, III; V 16,67; f 2; StwRJ.
— 73$_{12}$, 34$_{11}$ —

Dieser Vergleich ist in bezug auf den Aufbau der SP besonders klar und geeignet, die Frage zu beantworten, ob bei gleichem Verzug doppelte Aufsteckung bei doppelt so feiner Vorgarnnummer günstiger oder ungünstiger ist.

Die doppelte Aufsteckung SP 42$_4$ ergibt im Vergleich mit SP 37$_4$ eine bessere G, größere R und mehr kmR, dagegen etwas größere NS, und geringere E.

Zusammenfassung. Diese Untersuchungen unter 5 und 8 zeigen für die doppelte Aufsteckung am Spinner bei gleichem Verzug wie bei einfacher Aufsteckung einwandfrei einen günstigen Einfluß der doppelten Aufsteckung auf R und die Anzahl der SS. Dagegen sind die NS und kmR ungünstiger.

9. Der Einfluß der Drehzahl der Spindeln.

Nf 25 S; ON 109÷111$_9$; SP 34$_4$; I, II, III; V 11,36; f 1; StwRJ; —
— 74÷76$_{12}$ — Schaulinie 1$_{15}$ —

Von besonderer Wirkung ist die Drehzahl nur auf die Anzahl der Fadenrisse.

Nf 10 Z; ON 89, 90$_8$; SP 22$_3$; I, II, III; V 4,55; 1; StwKSH;
— 72, 77$_{12}$ —

Hier wurde im Gegensatz zu vorigem Vergleich der Einfluß der Drehzahl der Spindeln auf KS, EB nach dem gewöhnlichen SP 22$_3$ untersucht. Mit der kleineren Drehzahl waren die Garne besser in G und NS, E und R vor allem in kmR.

Zusammenfassend ist hier nur zu sagen, daß die Faden- risse mit steigender Drehzahl zunehmen.

10. Der Einfluß verschiedener Garnnummern bei ähnlichen Verzügen.

Nf 10 Z; ON 95$_8$; SP 26$_3$; I, II; V 11,76; f 1; StwRJ; —
Nf 12 Z; ON 82$_8$; SP 16$_3$; I, II; V 12,43; f 1; StwRJ; —
Nf 25 Z; ON 56$_7$; SP 11$_2$; I, III; V 12,5; f 1; StwRJ.
— 56, 54, 78$_{12}$ —

Daß das Garn Nf 12 Z durchweg am besten ist, muß darauf zurück- geführt werden, daß bei Verwendung der gleichen Mischung es doppelt so grob ist als das Garn Nf 25 Z.

Nf 10 Z; ON 92$_8$; SP 24$_3$; I, II; V 9,09; f 1; StwRJ; —
Nf 12 Z; ON 81$_8$; SP 15$_3$; I, II; V 9,23; f 1; StwRJ.
— 70, 79$_{12}$ —

Garn Nf 10 Z ist aus Mi 3; Gleitlänge 3,0 mm; Garn Nf 12 Z ist aus Mi 1; Gleitlänge 5,6 mm. — Trotz geringerer Drahtzahl (1,64—1,79) und Luftfeuchtigkeit (gW/kgL 6,75—7,05) bei feinerer Garnnummer ist das Garn Nf 12 Z bedeutend besser in G, R, E und vor allem in den kmR und den SS, schlechter allerdings in NS. Da die Verzüge und Garn- nummern ähnlich sind, kann der große Unterschied der Ergebnisse zu- gunsten des Garnes Nf 12 Z auf Kosten der bedeutend besseren Baumwoll- mischung, also Gleitlänge, gesetzt werden.

11. Der Einfluß des Gewichtes der Durchzugswalzen.

Nf 42 Z; ON 4÷6$_5$; SP 2$_2$; I, II, III; V 15,27; f 2; Stw D 50—D 60
— D 76.
— 80÷82$_{12}$ —

Garn Nf 42 Z Gleitlänge 6,8 mm. Am meisten SS haben die mit der 50 g schweren Walze gesponnenen Garne.

Die mit 60 g schweren Durchzugswalzen gesponnenen Garne waren am besten in G, NS und SS. Die mit 76 g schweren Walzen gesponnenen Garne waren die besten. Es ist für alle drei Walzengewichte kein we- sentlicher Unterschied in den Garngüten festzustellen.

Zugunsten der größeren Walzengewichte spricht das Ergebnis in R, E und kmR zugunsten des mittleren Walzengewichtes die G, NS, die SS der Garne, sowie die Gesamtsumme.

Nf 25 Z; ON 50, 57, 51, 58$_7$; SP 11 (16)$_2$; I, III; V 12,5; f 1; StwGl.
— 83 ÷ 86$_{12}$ —

Unter Verwendung der Mi 1 für die Garne Nf 25 Z ist die Gleitlänge 5,6 mm. Am günstigsten ist also für Garn Nf 25 Z unter den oben erwähnten Umständen die Durchzugswalze von 60 g. Durch die Summen der Werte 80 ÷ 86$_{12}$ lassen sich die Vierzylinder-Durchzugsstreckwerke ordnen: D$_4$, 60 = 270,35 — T 50 = 269,63 — T 70 = 269,54 — T 40 = 264,40 — D$_4$, 76 = 263,82 — D$_4$, 50 = 261,50 — T 60 = 261,51.

12. Der Einfluß der Luftfeuchtigkeit.

Über den Einfluß der Luftfeuchtigkeit wurden eine große Zahl von Versuchen vorgenommen, die jedoch nicht alle geeignet waren, ein klares Bild zu geben, weshalb hier nur die deutlichsten Gegenüberstellungen angeführt werden sollen.

Vorliegenden Versuchen, welche auf RJ-Maschinen ausgeführt wurden, lag SP 33$_3$, I, II (f = 3 + 1) zugrunde.

Bei einem Versuch, der nur zur Feststellung der Fadenrißzahl dienen sollte, wurden die Vorgarne in dem Raum, in dem sie später verarbeitet werden sollten, einige Tage gelagert und hierbei in regelmäßigen Abständen die Luftfeuchtigkeit gemessen, die möglichst während der Lagerzeit und der Verarbeitung gleichbleibend gehalten wurde. Außerdem wurde zu Beginn der Verarbeitung der Feuchtigkeitsgehalt des Vorgarnes auf einem Trockengehaltsprüfer von Baer, Zürich, festgestellt.

Bei einer Durchschnitts-Luftfeuchtigkeit von 42 bzw. 55% bei 24° Saalwärme, d. h. 7,8 bzw. 11,3 g W/kg L während der drei- bis viertägigen Lagerzeit ergab sich ein Feuchtigkeitsgehalt der Lunte von 4,06% bzw. 5,02%. Während des Spinnens war die Luftfeuchtigkeit im einen Fall 39% bei einer Saalwärme von 24° (g W/kg L 7,35) im anderen 55%, 26° und 11,8 g W/kg L.

Entsprechend den Feuchtigkeitsgraden war auch die Anzahl der Fadenrisse, indem bei der größeren Feuchtigkeit die Lauflänge der Garne kmR 11,4 km betrug gegenüber nur 4,3 km bei geringerer Feuchtigkeit.

Hiezu muß erwähnt werden, daß es sich hier um einen Sondervergleich handelt, und daß im Verlauf der ganzen sonstigen Versuche sehr häufig der Fall eintrat, daß ein Einfluß der Luftfeuchtigkeit in den Grenzen von 35% bis 55% nicht nachzuweisen war.

Nf 25 S; ON 101$_8$, 102$_9$; SP 30$_3$; I, II, III; V 10,41; f 1; StwRJ.
— 87, 88$_{12}$ —

Durch einen zweiten Versuch ist für die nach SP 30 auf RJ gesponnenen Garne ein Vorteil der bei gleicher Saalwärme, 24°, weit größeren Luftfeuchtigkeit von 58% (10,9 g W/kg L) gegenüber der von 37% (7 g W/kg L) in keiner Weise festzustellen.

Nf 25 S; ON 112$_9$, 113$_9$; SP 34$_4$; I, II, III; V 11,36; f 1; StwRJ.
— 89, 90$_{12}$ —

Bei einem dritten Versuch wurden die Vorgarne in zwei verschiedenen Räumen unter verschiedener Luftfeuchtigkeit einige Zeit gelagert, wobei die Verhältnisse fast ebenso lagen, wie in vorgenanntem Fall. Die so vorbereiteten Garne wurden dann gleichzeitig auf gleichen RJ-Maschinen, beide unter derselben Luftfeuchtigkeit von 51% und derselben Saalwärme, 25,5°, (10,5 g W/kg L) zu Nf 25 S verarbeitet. Die errechneten Lauflängen kmR von 5,743 km und 9,255 km berechtigten zu dem wichtigen Schluß, daß die Luftfeuchtigkeit während des Spinnvorganges allein keinen großen Einfluß besitzt, sondern nur der Feuchtigkeitsgehalt der Vorgarne für die Anzahl der Fadenrisse von wesentlicher Bedeutung ist.

Aus der Beobachtung, daß von den unter gleicher Luftfeuchtigkeit versponnenen Garnen die in trocknerem Raum einige Tage gelagerten bedeutend schlechter gelaufen sind als die in feuchterem, ist auch die vorerwähnte Bemerkung zu erklären, daß im Gesamtverlauf der Versuche, wo die trockenen Vorgarne meist ohne Lagerung in befeuchteter Luft gleich auf dem Ringspinner verarbeitet wurden, der erhoffte günstige Einfluß der Luftfeuchtigkeit beim Spinnen sich meist nicht bemerkbar machte.

Abgesehen von den besprochenen Fadenrissen ergaben die andern Ermittlungen: E (4,34 — 4,32), G (27,27 — 26,67), NS (15,3 — 12) und nur 1 SS für das befeuchtete Garn.

13. Der Einfluß verschiedener Garnnummern aus gleichem Vorgarn nach ähnlichen Spinnplänen.

Nf 25 S; ON 116$_9$; SP 36$_4$ (50); I, II$_1$; V 13,89; f 1; StwRJ; —
Nf 22 S; ON 125$_9$; SP 43$_4$ (58); I, II$_1$; V 12,22; f 1; StwRJ; —
Nf 17 S; ON 126$_9$; SP 43$_4$ (58); I, II$_1$; V 9,44; f 1; StwRJ.
— 32$_{11}$, 91, 92$_{12}$ —

Die kmR, sowie die Summe aller guten Eigenschaften nehmen mit steigendem Verzug und steigender Garnnummer sehr schnell zu, und die E ab.

Nf 25 S; ON 117$_9$; SP 36 (51)$_4$; I, II$_1$; V 13,89; f 1; StwPT; —
Nf 22 S; ON 124$_9$; SP 43 (59)$_4$; I, II$_1$; V 12,22; f 1; StwPT; —
Nf 17 S; ON 127$_9$; SP 43 (61)$_4$; I, II$_1$; V 9,44; f 1; StwPT.
— 95, 94, 93$_{12}$ —

Hier sind die G bei den feineren Garnen Nf = 25 und 22 S, mit höheren Verzügen besser als bei dem gröberen Garn Nf = 17 S. — Die R sind für Nf 25 S am besten, für Nf 22 und 17 S ziemlich gleich. Auch hier nimmt mit steigendem Verzug und steigender Garnnummer die kmR zu und die E ab, jedoch nicht in dem Maße wie bei RJ.

Zusammenfassung. Alle Garne sind aus der gleichen Mischung gesponnen. Mit einem Verzug von ungefähr $10 \div 14$ bei zwei Spulerdurchgängen ($f = 2$) sind die feineren Garne (Nf = 25) (ON 116, 117) besser in G, R und SS, die gröberen Garne (Nf = 17) besser in NS, E und bedeutend besser in kmR.

14. Vergleich verschiedener Streckwerke.

Nf 42 Z; ON 7, 8_5; SP 3_2; I, II, III; V 18,67; f 2; StwD3 — D4.
— 99, 100_{12} —

Das auf D 3 gesponnene Garn ist besser in NS, hat aber etwas mehr kmR und SS.

———

Nf 42 Z; ON 2, 3_5; SP 2_2; I, II, III; V 15,27; f 2; Stw D3 — D4.
— 101, 102_{12} —

Der Verzug auf D3 und D4 ist geringer als bei obigem Vergleich. Hier ist das auf D3 gesponnene Garn besser in G, NS, E und kmR, als das auf D_4 erhaltene.

———

Nf 30 Z; ON 11, 12_5; SP 5_2; I, II, III; V 17,14; f 2; Stw D3 — D4;
— 103, 104_{12} —

Nur in den NS ist das auf D4 gesponnene Garn besser als das auf D3 hergestellte; besonders groß ist der Unterschied in den kmR.

Zusammenfassung der Ergebnisse (105, 106_{13}). Für die aus Mi I (Mako) gesponnenen Garne Nf 42 Z und Nf 30 Z ist das Streckwerk D3 in allen Punkten besser als D4 bis auf die SS. Diese Überlegenheit darf zu einem großen Teil auf das größere Gewicht der Durchzugswalzen bei D3 (60 g gegen 50 g bei D4) zurückgeführt werden, da die Gleitlänge bei D3 um 5,0 mm geringer ist als bei D4.

———

Nf 25 Z; ON $59 \div 63_7$; SP 7 (10)$_2$; I, II, III; V 5,56; f 1; StwGl.
— $107 \div 111_{13}$ —

Verwendet wurde Vorgarn R1. — Aus den Summen dürfte sich für die Güte im allgemeinen die Reihenfolge ergeben: T 40, D 3, T 60, KS, EB zusetzt D 4.

———

Nf 25 Z; ON 13_5; SP 6_2; I, II, III; V 5; f 1; StwKS, EB; —
Nf 25 Z; ON 14_5; SP 7 (10)$_2$; I, II, III; V 5,56; f 1; StwKS, SB.
— 112, 113_{13} —

Die auf dem KS mit SB, also vollkommener Klemmung, gesponnenen Garne sind besser in G, NS und kmR, schlechter in E als die mit EB gesponnenen. Die SS und R sind in beiden Fällen ziemlich gleich.

Aus der Summe aller Eigenschaften ergibt sich ein kleiner Vorteil des Klemmstreckwerks KS mit Sattelbelastung SB, gegenüber dem mit Eigenbelastung EB.

Es ist jedoch zu berücksichtigen, daß unter den Klemmstreckwerken KS mit Eigenbelastung der Mittelwalze EB 23,5 — 175 solche waren, die mit dickeren Zylindern EB 25 — 240 versehen sind (weil für langstapelige Baumwolle gebaut) und daher nicht auf den nötigen engsten Klemmlinienabstand eingestellt werden können. Dieser Nachteil dürfte aber vielleicht durch die geringere Drehzahl dieser Maschinen (7850 bis 8160) ausgeglichen werden.

Nf 25 Z; ON 15÷19₅; SP 7 (10—9)₂; I, II, III; V 5,56; f 1; StwGl; — KS, EB.

$$— 114÷118_{13} —$$

Die auf den verglichenen Streckwerken gesponnenen Garne sind aus gewöhnlichem Vorgarn mit 3 Streckendurchgängen S 3 hergestellt. Geordnet nach Güten der Garne ergibt sich: T 40 — KS, EB — T 60 — D 3 — D 4.

Nf 25 Z; ON 20÷23₅; SP 7 (11)₂; I, II, III; V 5,56; f 1; StwGl; —
Nf 25 Z; ON 69₇; SP 7 (8)₂; I, II, III; V 5,56; f 1; StwKS, EB.

$$— 119÷123_{13} —$$

Aus Vorgarn RS 2 hergestellt. — Abgesehen von dem an erster Stelle (ON 69) stehenden KS, EB mit kleinerer Spindeldrehzahl (8160 bis 8500), dessen kmR bedeutend günstiger sind als die übrigen, stehen die Ergebnisse des T 40-Streckwerkes an erster Stelle; es folgen T 60 — D 3 und D 4.

Zusammenfassung. Für Garne Nf 25 Z arbeiten die Durchzugsstreckwerke (124÷127₁₃) mit niederem Verzug nicht besser wie gewöhnliche Klemmstreckwerke (113, 128₁₃); deren kmR sind bedeutend besser als die der Durchzugsstreckwerke. Unter den verglichenen Streckwerken ist unter Berücksichtigung aller Umstände folgende Güteordnung zu erkennen: 1. KS mit SB — 2. T 40 — 3. KS mit EB — 4. T 60 — 5. D 3 — 6. D 4. Ohne Rücksichtnahme auf die kmR ordnen die Streckwerke wie folgt: T 40 — T 60 — D 3 — D 4 — KS, SB — KS, EB.

Nf 25 Z; ON 48₆÷51, 56₇; SP 11₂; I, II, III; V 12,5; f 1; StwGl.

$$— 49_{11}, 78_{12} —$$

Obwohl RJ mit fast 300 Spindelumdrehungen mehr und unter geringerer Luftfeuchtigkeit (g W kg L 7—11) lief, ist das Garn besser. Es ergibt sich folgende Reihenfolge für die Streckwerke: RJ — T 60 — D 4 — D 3 — T 40.

Zusammenfassend kann unter Berücksichtigung aller Umstände festgestellt werden, daß Rieter hier günstiger gearbeitet hat als die anderen Streckwerke.

Nf 25 S; ON 107, 108$_9$; SP 33$_3$; I, III; V 10,87; f 1; Stw RJ — PT.
— 26, 29$_{11}$ —

PT hat eine um ungefähr 1100 kleinere Spindeldrehzahl als RJ. PT lieferte Garne, die besser sind in G, NS, R, E und SS, aber bedeutend schlechter in der Zahl der kmR. Letzteres dürfte zu erklären sein aus der falschen Brechung des Streckfeldes und den zu kleinen Unterputzwalzen (vielleicht auch Folge schlechter Spindeln).

Nf 25 S; ON 105, 106$_9$; SP 32$_3$; I, III$_1$; V 10,87; f 1; StwRJ, PT.
— 27, 30$_{11}$ —

Die Garne auf RJ sind viel schlechter, haben viele SS, während die auf PT keine haben.

Nf 25 S; ON 116$_9$; SP 36 (48$_4$); I, II$_1$; V 13,89; f 1; StwRJ; —
Nf 25 S; ON 117$_9$; SP 36 (49)$_4$; I, II; V 13,89; f 1; StwPT.
— 32$_{11}$, 95$_{12}$ —

Von diesen beiden schlechten Garnen ist das von PT das bessere.

Nf 25 S; ON 103$_9$; SP 31 (38)$_3$; I, II, III; V 10,42; f 1; StwRJ; —
Nf 25 S; ON 104$_9$; SP 31 (39)$_3$; I, II, III; V 10,42; f 1; StwPT.
— 25, 28$_{11}$ —

Auch hier sind die auf PT gesponnenen Garne wieder besser in G, R aber außerdem noch, im Gegensatz zum vorigen Vergleich, auch in NS und kmR, schlechter dagegen in E und SS als die RJ-Garne.

Nf 22 S; ON 124$_9$; SP 43 (59)$_4$; I, II$_1$; V 12,22; f 1; StwPT; —
Nf 22 S; ON 125$_9$; SP 43 (58)$_4$; I, II$_1$; V 12,22; f 1; StwRJ.
— 94, 91$_{12}$ —

Die auf PT gesponnenen Garne sind viel besser in G, beinahe gleich in R, E und NS schlechter in kmR als die RJ-Garne.

Nf 17 S; ON 126$_9$; SP 43 (60)$_4$; I, II$_1$; V 9,44; f 1; StwRJ; —
Nf 17 S; ON 127$_9$; SP 43 (61)$_4$; I, II$_1$; V 9,44; f 1; StwPT.
— 92, 93$_{12}$ —

Die auf PT gesponnenen Garne sind wenig besser in G, R und E, schlechter in NS und vor allem viel schlechter in den kmR als die RJ-Garne.

Zusammenfassung. Als Endergebnis der Vergleichs-untersuchungen zwischen RJ und PT (130, 131$_{13}$) kann eine Überlegenheit von RJ in der Zahl der kmR festgestellt werden, trotz der um 1100 kleineren Spindeldrehzahl von PT. Dies Ergebnis darf wohl auf die falsche Brechung des Streckfeldes, zu geringe Abmessungen der Unterputzwalzen und vielleicht auf schlechte Spindeln zurückgeführt werden. In Anbetracht der viel geringeren Spindeldrehzahl ist es erklärlich, wenn die auf PT gesponnenen Garne bedeutend besser sind in G und besser in R und SS; sie stimmen in der E und NS fast überein.

Nf 12 Z; ON 79$_8$; SP 14$_3$; I, II, III; V 6; f 1; StwRJ; —
Nf 12 Z; ON 80$_8$; SP 14$_3$; I, II, III; V 6; f 1; Stw KS, SB.
— 66, 67$_{12}$ —

Die Maschine mit KS, SB hat über 600 Spindelumdrehungen in der Minute weniger als RJ. Die auf den KS, SB gesponnenen Garne haben viel mehr kmR und etwa gleich viel G und SS als die RJ Garne. Etwas schlechter sind die Garne in NS, R und E (weniger Garndrehung b = 1,58 — 1,64).

15. Garne aus Vorgarn R 1 verglichen mit Garnen aus Vorgarn S 3 auf Hochverzugsstreckwerken.

Nf 25 Z; ON 51, 65$_7$; SP 11$_2$; I, II; V 12,5; f 1; StwT 60.
— 85$_{12}$, 132$_{13}$ —

Das aus Vorgarn R 1 gesponnene Garn ist bedeutend besser in G, SS, so daß, trotzdem die übrigen Ermittlungen geringer sind, dennoch die Gesamtsumme der guten Eigenschaften die des gewöhnlichen Garnes überragt. Also ist das Vorgarn R 1 hier viel günstiger als S 3.

Nf 25 Z; ON 16÷19$_5$ — 59÷62$_7$; SP 7$_2$; I, II, III; V 5,56; f 1; StwGl.
— 115÷118, 107, 108$_{12}$ — 109, 110$_{13}$ —

Die aus S 3 gesponnenen Garne haben mehr als zweimal soviel SS als die aus R 1.

Zusammenfassend beurteilt zeigt sich auch nach 133, 134$_{13}$ für die Güte der Garne das Vorgarn S 3 bis auf die SS etwas vorteilhafter als R 1. (Durchschnittssumme: S$_3$ 281,91 — R$_1$ 280,85).

Nf 25 Z; ON 48$_6$, 66$_7$; SP 11$_2$; I, III; V 12,5; f 1; StwD 3.
— 129, 135$_{13}$ —

Das aus Vorgarn R 1 gesponnene Garn ist besser in G und vor allem in den kmR und SS, weil es nur die Hälfte der SS von S3 aufweist.

Zusammenfassend ist auch nach (136, 137$_{13}$) festzustellen, daß das aus Vorgarn R 1 auf Durchzugsstreckwerken gesponnene Garn bedeutend weniger SS hat und etwas besser ist in G und kmR, schlechter in E und besonders in R.

16. Vergleich der auf Durchzugsstreckwerken aus Vorgarn R 1 und R 2 gesponnenen Garne.

Nf 25 Z; ON 65, 73$_7$; SP 11$_2$; I, III; V 12,5; f 1; StwT 60.

— 132$_{13}$, 44$_{11}$ —

Die Garne aus Vorgarn R 2 sind in allem besser als die aus Vorgarn R 1 und haben keine SS.

Nf 25 Z; ON 67, 74$_7$; SP 11$_2$; I, III; V 12,5; f 1; StwT 40.

— 138, 139$_{13}$ —

Die Garne aus Vorgarn R 2 sind etwas besser in G und R, schlechter in allen andern (Se 268,02 — 269,69) als die aus Vorgarn RJ.

Zusammenfassung. Von den auf Durchzugsstreckwerken mit 12,5fachem Verzug gesponnenen Garnen (141, 142$_{13}$) sind die aus Vorgarn R 2 besser als die aus Vorgarn R 1; etwas schlechter in SS.

17. Vergleich der auf Durchzugsstreckwerken aus Vorgarn R 2 und S 3 hergestellter Garne.

Nf 25 Z; ON 50, 75$_7$; SP 11$_2$; I, III; V 12,5; f 1; StwT 40.

— 83$_{12}$, 142$_{13}$ —

Die aus Vorgarn R 2 gesponnenen Garne sind besser in G, kmR und SS, schlechter in E und NS als die aus Vorgarn S$_3$.

Nf 25 Z; ON 51, 72$_7$; SP 11$_2$; I, III; V 12,5; f 1; StwT 60.

— 85$_{12}$, 45$_{11}$ —

Die aus Vorgarn R 2 gesponnenen Garne sind besser in G, kmR und besonders in SS; als die aus Vorgarn S 3 hergestellten.

Nf 25 Z; 56, 64$_7$; SP 11$_2$; I, III; V 12,5; f 1; StwRJ.

— 78$_{12}$, 143$_{13}$ —

Das Ergebnis für die aus Vorgarn R 2 gesponnenen Garne ist in allen Eigenschaften besser, etwas schlechter in NS, als die aus Vorgarn S 3 hergestellten (Se 272,89 — 264,40).

Zusammenfassung der Ergebnisse (144, 145$_{13}$). Die mit 12,5-fachem Verzug aus Vorgarn R 2 gesponnenen Garne sind im allgemeinen viel besser in G, E, R und vor allem in kmR und SS als die aus Vorgarn S 3 gesponnenen, schlechter in R, E und NS.

18. Vergleich der auf gewöhnlichem Klemmstreckwerk aus Vorgarn R 1 und S 3 gesponnenen Garne.

Nf 25 Z; ON 13_5, 63_7; SP 7_2; I, II, III; V 5,56; f 1; StwKS, EB.
— 112, 111_{13} —

Das aus Vorgarn R 1 hergestellte Garn ist besser in G, hat aber weniger kmR. Die R und NS sind in beiden Fällen fast gleich groß. Auf dem KS, EB ist das mit Vorgarn S 3 gesponnene Garn im allgemeinen besser als das mit R 1 hergestellte.

19. Vergleich der auf gewöhnlichem Klemmstreckwerk aus Vorgarn R 2 und S 3 gesponnenen Garne.

Nf 25 Z; ON 13_5, 68_7; SP 6_2; I, II, III; V 5, f 1; StwKS, EB.
— 112, 146_{13} —

Hier sind die aus Vorgarn S 3 gesponnenen Garne etwas besser in G, R, NS und SS, aber viel schlechter in kmR; die E ist bei diesen Garnen nahezu gleich; so auch die Summen aller Eigenschaften.

Nf 25 Z; ON 15_5, 70_7; SP 7 $(9)_2$; I, II, III; V 5,55; f 1; KS, EB.
— 114, 147_{13} —

Weniger Vorgarndrehung (b = 0,54).

Die aus Vorgarn R 2 gesponnenen Garne sind besser in G, R, schlechter in E, NS und kmR. Die Unterschiede sind in allen Fällen nur gering.

Nf 25 Z; ON 69, 71_7; SP 7 $(8)_2$; I, II, III; V 5,56; f 1; StwKS, EB.
— 123, 148_{13} —

Mehr Vorgarndrehung (b = 0,57). Hier ist das aus Vorgarn S 3 gesponnene Garn etwas besser in NS und SS. Die kmR sind in beiden Fällen gleich, wie überhaupt die Ergebnisse keine nennenswerten Unterschiede aufweisen.

Zusammenfassend beurteilt sind die auf gewöhnlichem Klemmstreckwerk aus Vorgarn S 3 gesponnenen Garne (149, 150_{13}) etwas schlechter in G, meist nur äußerst wenig besser im Vergleich mit den aus Vorgarn R 2 gesponnenen. Die Ergebnisse (Endsummen) zeigen jedoch im allgemeinen nur geringe Unterschiede.

Ergebnis: Die mit Hochverzug auf der Strecke hergestellten Vorgarne (R 1 und R 2) zeigen sich dem nach gewöhnlichem Verfahren hergestellten Vorgarn S3 überlegen in E und R der Feingarne sowie ganz besonders in deren G und Anzahl der SS. Dagegen waren die aus gewöhnlichem Vorgarn S3 gesponnenen Garne unwesentlich besser in R und NS.

20. Vergleich der auf (gewöhnlichem) Klemmstreckwerk aus Vorgarn R1 und R2 gesponnenen Garne.

Nf 25 Z; ON 63, 70$_7$; SP 7$_2$; I, II, III$_1$; V 5,56; f 1; Stw KS, EB.
— 111, 147$_{13}$ —

Das aus R2 hergestellte Garn ist besser in R, E und kmR, schlechter in G und NS. Die SS sind für beide Garne gleich.

21. Vergleich von Garnen, die nach gegensätzlichen Spinnplänen erzeugt sind.

Nf 42 Z; ON 1$_5$; SP 1$_2$; I, II, III, IV; V 7,64; f 2; Stw KS, EB; —
Nf 42 Z; ON 2$_5$; SP 2$_2$; I, II, III; V 15,27; f 2; Stw D 3; —
Nf 42 Z; ON 3$_5$; SP 3$_2$; I, II, III; V 15,27; f 2; Stw D 4.
— 151$_{13}$, 101, 102$_{12}$ —

Die KS, EB Garne sind besonders hervorzuheben wegen der größeren kmR, der geringeren SS und NS. Im allgemeinen besteht kein großer Unterschied, bis auf die kmR, worin an D 3 die doppelte Anzahl, an D 4 die 2,5fache gezählt wurde. Dieser große Unterschied dürfte wohl in der Hauptsache darauf zurückgeführt werden, daß das gewöhnliche Streckwerk 700 Spindelumdrehungen weniger macht und im ganzen 9 Fachungen gegenüber 7 der D 3 und D 4 hat.

Nf 42 Z; ON 1$_5$; SP 1$_2$; I, II, III, IV; V 7,64; f 2; Stw KS, EB; —
Nf 42 Z; ON 7$_5$; SP 2$_2$; I, II, III; V 18,67; f 2; Stw D 3; —
Nf 42 Z; ON 8$_5$; SP 3$_2$; I, II, III; V 18,67; f 2; Stw D 4.
— 151$_{13}$, 99, 100$_{12}$ —

Im allgemeinen kann unter Berücksichtigung der geringeren Spindeldrehzahl des KS, EB ein wesentlicher Unterschied in der Güte der Garne nicht festgestellt werden, bis auf die kmR; D 3 und D 4 haben mehr wie die dreifache Zahl der Fadenrisse beim KS, EB.

Zusammenfassung der ersten beiden Ergebnisse (152$_{13}$). Die mit niederem Verzug und vier Spulerdurchgängen (f = 7) gesponnenen Mako-Garne von Nf = 42 Z sind in der Summe der guten Eigenschaften, besonders in E und SS und ganz besonders in den kmR besser als die mit nur drei Spulerdurchgängen (f = 5) (100$_{12}$), bedeutend höherem Verzug und höherer Spindeldrehzahl gesponnenen; letztere haben nur eine bessere R und NS aufzuweisen.

Nf 30 Z; ON 10_5; SP 3 $(5)_2$; I, II, III; V 6,67; f 1; Stw KS, EB; —
Nf 30 Z; ON 11_5; SP 5_2;   I, II, III; V 17,14; f 2; Stw D 3; —
Nf 30 Z; ON 12_5; SP 5_2;   I, II, III; V 17,4; f 2; Stw D 4.
— 153_{13}, 103, 104_{12} —

Hier zeigt sich D 3 im allgemeinen am besten bis auf die Anzahl der Fadenrisse (Drehzahl). In der Summe guter Eigenschaften ist das auf D 3 gesponnene Garn am besten. Die auf Durchzugstreckwerken mit wesentlich höherem Verzug (17,14—6,67) aber doppelter Aufsteckung am Spinner hergestellten Garne sind besser als die gewöhnlichen, bis auf die kmR, welche durch die höhere Spindeldrehzahl zu erklären sind.

Nf 25 Z; ON $48_6 \div 51_7$; SP 11 $(16)_2$; I, III;   V 12,5; f 1; Stw Gl; —
Nf 25 Z; ON 69_7;   SP 7 $(8)_2$;   I, II, III; V 5,55; f 1; Stw KS, EB.
— 49_{11}, 123_{13} —

Die R der Garne ist hier bei Hochverzug ein wenig besser. In der G ist kein großer Unterschied. (Auf gewöhnlichem Klemmstreckwerk besser.) E und NS sind für die Garne der verschiedenen Streckwerke ziemlich gleich. Die wenigsten Risse hat das auf gewöhnlichem Klemmstreckwerk erzeugte Garn, wobei jedoch die geringere Spindeldrehzahl zu berücksichtigen ist.

Nf 25 Z; ON 27_6; SP 9 $(13)_2$; I, III_1;   V 6,25; f 1; Stw D4; —
Nf 25 Z; ON 38_6; SP 10_2;   I, II, III; V 15,62; f 2; Stw D4.
— 154_{13}, 1_{11} —

Die mit f = 2 + 1 = 3 Fachungen und einem kleinen Verzug 6,25 auf D 4 erzeugten Garne sind besser in R und E, schlechter in G, NS, besonders in den kmR (mehr als die doppelte) und SS, als mit f = 5 + 2 = 7 Fachungen und dem großen Verzug von 15,62 erzeugten. Es ergab SP 9 ein bedeutend ungleichmäßigeres Garn, das nicht nur viele SS und unnötig starke Stellen, sondern auch Schnitte aufweist (Se 259,7 bis 285,52). Große Verzüge mit genügend Fachungen sind also besser als geringe Verzüge mit wenig Fachungen.

Nf 25 S; ON 105_9; SP 32 $(40)_3$; I, III_1;   V 10,87; f 1; Stw RJ; —
Nf 25 S; ON 122_9; SP 41_4;   I, II, III; V 16,67; f 2; Stw RJ.
— 26, 33_{11} —

Nur in der Reißlänge ist das mit 3 Gesamtfachungen hergestellte Garn ein wenig besser als das mit 7 Fachungen hergestellte; sonst ist jedoch letzteres ihm bedeutend überlegen. Dies Ergebnis zugunsten der großen Anzahl Fachungen trotz des höheren Verzuges war zu erwarten.

Nf 25 S; ON 99_8; SP 28_3; I, II_1, III_1; V 7,35; f 1; StwRJ; —
Nf 25 S; ON 118_9; SP 37_4; I, III; V 16,67; f 1; StwRJ; —
Nf 25 S; ON 98_8; SP 27_3; I, II, III; V 5,56; f 1; StwRJ.
— 60, 73_{12}, 155_{13} —

Die nach SP 28 gesponnenen Garne sind besser in G, R und besonders in den kmR, schlechter in NS und E. SP 28_3 hat die gleiche Anzahl der Fachungen an Spulern und am Spinner wie SP 37_4; aber mehr Spulerdurchgänge und überall geringere Verzüge. Dies erwies sich als vorteilhaft für die Güte der Garne. SP 37_4 ist ein ausgesprochener Hochverzugsspinnplan mit nur 2 Spulerdurchgängen und 16,67facher Verzug am Spinner, SP 27_3 ein gewöhnlicher mit 3 Spulerdurchgängen und 5,56fachem Verzug auf dem Ringspinner. Das für SP 37_4 so nachteilige Ergebnis ist in Anbetracht des etwas zu hohen Verzuges leicht erklärlich.

Nf 12 Z; ON 85_8; SP 19_3; I; V 16; f 1; StwRJ; —
Nf 12 Z; ON 79_8; SP 14_3; I, II, III; V 6; f 1; StwRJ.
— 156_{13}, 66_{12} —

Die nach SP 14_3 gesponnenen Garne sind bis auf die geringe NS besser besonders in der kmR (weniger als die Hälfte) als die mit nur einer Gesamtfachung von 2 hergestellten. SP 19_3 hat trotz des großen Unterschiedes in Verzug und Fachungen ein auffallend günstiges Ergebnis im Verhältnis zu SP 14_3 erzielen können. Man sieht hieraus, daß bei groben Garnnummern sich durch viele Fachungen nur wenig verbessern läßt.

Nf 10 Z; ON 97_8; SP 24_3; I, II; V 18,18; f 2; StwRJ; —
Nf 10 Z; ON 91_8; SP 23_3; I, II, III; V 5; f 1; StwRJ; —
Nf 10 Z; ON 88_8; SP 22 $(28)_3$; I, II, III; V 4,55; f 1; StwKS, SB.
— 71, 69_{12}, 157_{13} — Schaulinie 4_{10} —

Die Schaulinien zeigen für SP 23_3 ein gleichmäßigeres, kräftigeres und für SP 24_3 ein viel schwächeres Garn. Es zeigt sich also wieder, daß für die aus kurzstapeliger Baumwolle gesponnenen Garne doppelte Aufsteckung am Spinner größere Spulerfachungen und höheren Verzug nicht ausgleichen kann.

Nf 10 Z; ON 88_8; SP 22 $(28)_3$; I, II, III; V 4,55; f 1; StwKS, SB; —
Nf 10 Z; ON 97_8; SP 24_3; I, II; V 18,18; f 2; StwKS, SB.
— 157_{13}, 71_{12} —

Während oben die Wirkung der zwei SP auf RJ untersucht wurde, ist vorliegende Gegenüberstellung so aufgebaut, daß die Garne des gewöhnlichen KS, SB nach dem gew. SP 22_3 verglichen werden mit den auf RJ nach SP 24_3 gesponnenen.

Letztere sind besser in G und SS (bedeutend), NS, kmR, schlechter in R und E. — Man sieht, daß das gewöhnliche KS, SB unter den gleichen Umständen wie oben RJ nach gewöhnlichem SP (157_{13}) hier eine ausgesprochene Unterlegenheit über RJ mit Hochverzug ergab.

22. Sondervergleiche.

Nf 25 S; ON 114_9; SP 34_4 (46); I, II, III; V 11,36; f 1; Stw RJ; —
Nf 25 S; ON 120_9; SP 39_4; I, III$_1$; V 12,5; f 2; Stw RJ.
— 158_{13}, 36_{11} —

Die nach SP 34_4 gesponnenen Garne sind besser in G und besonders in den kmR, nicht viel schlechter in R, E und NS als SP 39_4. Obwohl SP 34_4 mehr Spulerdurchgänge und geringere Verzüge aufweist, sind die Lohnkosten je kg Garn an Strecken, Spulern und am Ringspinner um 12,5% niedriger als die von SP 39_4 (Abb. 2_{15}).

————

Nf 25 S; ON 118_9; SP 37_4; I, III;　　V 16,67; f 1; Stw RJ; —
Nf 25 S; ON 122_9; SP 41_4; I, II, III; V 16,67; f 2; Stw RJ; —
Nf 25 S; ON 123_9; SP 42_4; I, III$_1$;　　V 16,67; f 2; Stw RJ.
— 73_{12}, 34, 33_{11} —

Unter Berücksichtigung aller Umstände ergibt sich für die Eignung der SP folgende Ordnung: SP 41_4 (7 = 5 + 2 Fachungen), SP 37_4 (3 + 1); SP 42_4 (2 + 2). Daß SP 37_4 günstiger ist als 42_4 zeigt, daß bei **gleicher Anzahl von Fachungen (3 + 1 = 2 + 2) und gleichem Verzug die doppelte Aufsteckung am Ringspinner kaum den Nachteil der geringeren Spulerfachung wettmachen kann.** Da nach SP 37_4 kaum höhere Lohnkosten hat als SP 42_4, wird ohne Zweifel ersterer vorzuziehen sein.

————

Nf 12 Z; ON 82_8; SP 16_3; I, II; V 11,43; f 1; Stw RJ; —
Nf 12 Z; ON 83_8; SP 17_3; I, II; V 16;　 f 1; Stw RJ.
— 54, 40_{11} —

Das nach SP 16_3 (V = 11,43) erzeugte Garn ist besser in G, SS und hat bedeutend weniger Fadenrisse (weniger als den vierten Teil). Sonst sind beide Garne ziemlich gleich.

————

Nf 10 Z; ON 92_8; SP 24_3; I, II; V 9,09;　f 1; Stw RJ; —
Nf 10 Z; ON 95_8; SP 26_3; I, II; V 11,76; f 1; Stw RJ.
— 70, 56_{12} —

Das nach SP 24_3 gesponnene Garn ist besser in R, E und NS, schlechter in G und den kmR. Im allgemeinen können beide Ergebnisse als gleich gut bewertet werden. Da die Fadenrißzahlen in der Spulerei auch gleich sind, läßt sich ein Schluß zugunsten des einen oder anderen SP nicht ziehen. Man wird den höheren Verzug wählen, der eine bessere Summe aller Eigenschaften hat und der nach Abb. 2_{15} eine Ersparnis von 4,5% für Lohnkosten ermöglicht.

23. Der Einfluß der Vorgarndrehung.

Nf 25 Z; ON 15_5; SP 7_2; I, II, III; V 5,56; f 1; Stw KS, EB.
— 114, 123_{13} —

Die aus dem Vorgarn mit der Drahtzahl 0,57 gesponnenen Garne sind besser in G, NS und SS, etwas schlechter in den kmR.

————————

Nf 25 Z; ON $16 \div 19_5$; SP 7 $(10)_2$; I, II, III; V 5,56; f 1; Stw Gl;
Nf 25 Z; ON $20 \div 23_5$; SP 7 $(11)_2$; I, II, III; V 5,56; f 1; Stw Gl.
— $115 \div 122_{13}$ —

Die Ergebnisse sprechen bei D 3 und D 4 eindeutig zugunsten der geringeren Vorgarndrehung: bei T 40 ist die Entscheidung für das weichere Vorgarn so leicht nicht zu treffen; bei T 60 sprechen nur die kmR zugunsten der geringeren Drehung. Im allgemeinen ist kein wesentlicher Unterschied.

Nf 12 Z; ON 84, 85_8; SP 18_3; I; V 16; f 1; Stw RJ.
— 41_{11}, 156_{13} —

Die Ergebnisse für G, E, NS und R sprechen zugunsten der größeren Vorgarndrehung. Dagegen ist die kmR mehr als die dreifache der aus weicherem Vorgarn gesponnenen Garne.

C. Betrachtung der Untersuchungsergebnisse in den einzelnen Abteilungen wie Spinnerei, Spulerei, Zettlerei, Schlichterei, Weberei, Veredlung.

1. Die Ergebnisse der mit kleinen Spulergeschwindigkeiten hergestellten Garne.

Außer den in den Blättern $5 \div 9$ aufgeführten Fadenrissen wurden noch viele Ermittlungen gemacht und in der Zusammenstellung Bl. 14 die Höchst- und Mindestwerte und die aus allen Versuchen ermittelten Mittelwerte eingetragen; aus ihr ist alles Wünschenswerte zu entnehmen.

Es ist ohne weiteres ersichtlich, daß mit niederem Verzug bei Durch- Nf 25 s
zugsstreckwerken unter sonst gleichen Bedingungen sich eine Verbesserung der Lauflänge nicht erzielen läßt. SP 38_4 mit seinen vier Spulerdurchgängen und doppelter Aufsteckung am Ringspinner bei nur 12,5 fachem Verzug ist mit nur 4,0 km Höchstlauflänge geeignet zu be-

weisen, daß allzuviel Fachungen spinntechnisch ungünstig sind, abgesehen natürlich von den wirtschaftlichen Nachteilen.

In SP 28₃ macht sich trotz des niederen Verzugs von 5,56 die geringe Zahl der Fachungen nachteilig bemerkbar.

Aus den Ergebnissen mit gleichen Spulerdurchgängen und Fachungen aber ganz verschiedenen Verzügen gesponnenen Garne läßt sich die Feststellung ableiten, daß in vielen Fällen die Verzugsgröße auf die Fadenrisse von geringem Einfluß ist, wenn nur der Vorbereitungsgang der Lunte der gleiche ist.

Es ergibt sich im allgemeinen, daß die doppelte Aufsteckung am Ringspinner den höheren Verzug und vor allem die mangelnden Spulerfachungen nicht ersetzen kann.

Nf 22 S.   SP 43₄ beweist wieder deutlich, daß zu wenig Spulerfachungen die Zahl der Fadenrisse nachteilig beeinflussen.

Nf 17 S.   SP 43₄ ist trotz der geringen Anzahl von Spulerfachungen für die gröberen Garne von Nf = 17 S auffallend günstig, insbesondere ist ersichtlich, wie sehr sich der Einfluß der Maschine (Streckwerk, Spindeln) auf die Zahl der Fadenrisse geltend machen kann, wenn Rieter bei einer um 10% größeren Drehzahl eine mehr als dreieinhalbfache Lauflänge auf 1 Riß im Verhältnis zu PT erzielte.

Die mit kleinen Geschwindigkeiten der Spuler gesponnenen Zettelgarne zeigen ein besonders günstiges Ergebnis für SP 13₂.

Unter den Garnen Nf = 17 ist nach SP 12₂ das durch 3 Strecken gegangene Vorgarn besser gelaufen als das durch 2.

Daß SP 12₂ weniger Fadenrisse aufweist als 13₂ ist aus der größeren Zahl der Spulerfachungen und dem geringeren Verzug zu erklären.

Nf 12 Z.   Die Zettelgarne Nf 12 erreichen ihre höchste Lauflänge mit 8,36 km auf gewöhnlichem Klemmstreckwerk nach SP 14₃, das jedoch bedeutend langsamer läuft als die anderen Streckwerke. Nicht viel ungünstiger ist die Fadenrißzahl bei SP 15₃ auf R J, besonders wenn man die geringere Luftfeuchtigkeit (6,75 — 8,85 gW/kg L) berücksichtigt, die zur Zeit der Versuche in dem von den R J-Maschinen eingenommenen Raum herrschte. Daß SP 20₃ kein besseres Ergebnis als die vorgenannten SP erreichen konnte, beweist wieder, daß mit allzuviel Fachungen ein besseres „Laufen" der Garne nicht mehr zu erzielen ist.

Auffallend günstig ist SP 18₃ unter Verwendung von Vorgarn mit einer Drahtzahl von 0,40 gegenüber 0,5, trotz des Verzuges von 16 bei nur einem Spulerdurchgang.

Der gewöhnliche SP 16₃ auf R J ist schon viel günstiger. Überhaupt kann bei Durchzugstreckwerken nicht selten die Beobachtung gemacht werden, daß niedere Verzüge nicht mehr so einwandfreies Arbeiten gestatten wie etwas höhere Verzüge; dieses ist vielleicht damit zu erklären. daß bei niederem Verzug die notwendige höhere

Drehzahl des 3. und 4. Zylinderpaares nachteilige Folgen zeitigt (Erschütterungen, Nacheilen der Durchzugswalze).

Bei SP 17$_3$ scheint der Verzug von 16 schon hoch zu sein, weil die nach entsprechenden Spinnplänen, wie 15$_3$, mit geringerem Verzug gesponnenen Garne bedeutend weniger Fadenrisse hatten.

Bei SP 25$_3$ zeigt sich die langsamere Kardenlieferung, bei ungefähr Nf 10 Z. 4,5 Umdrehungen des Abnehmers in der Minute, gegenüber der schnellen Kardenlieferung, bei 14 Umdrehungen, günstiger für die Steigerung der kmR.

Es wurde ferner untersucht, ob eine Vorbereitung der Lunte mit 6facher Dopplung auf zwei Strecken sich ebenso günstig für die spätere Verarbeitung am Ringspinner erweist, als mit 8facher Dopplung auf drei Strecken; hierbei ließ sich die wichtige Feststellung machen, daß **die geringere Anzahl von Dopplungen auf den Strecken für kurze Baumwolle vorteilhafter ist.** Bei zu viel Fachungen wird die Vergleichmäßigung zu weit getrieben und die Fasern zu stark geglättet und parallel gelegt, wodurch die gegenseitige Reibung des kurzen Fasergutes so sehr verringert wird, daß die Widerstandskraft gegen die beim Spinnen auftretende Zugbeanspruchung des Faserbundes sinkt, was zu einer Vermehrung der Fadenrisse führt.

Bei SP 24$_3$ kann der hohe Verzug von 18,2 auch durch die doppelte Aufsteckung am Ringspinner nicht genügend ausgeglichen werden.

2. Die Ergebnisse der mit großen Spulergeschwindigkeiten hergestellten Garne.

Bei Betrachtung der Spinnereiergebnisse für die Garne, welche über Spuler mit großer Geschwindigkeit gingen, fällt zunächst auf, daß die Höchstwerte der Lauflänge auf 1 Fadenriß stets von den auf gewöhnlichen Klemmstreckwerken gesponnenen Gespinsten erhalten wurden.

Auffallend schlecht gelaufen sind trotz der größeren Stapellänge die gekämmten Makogarne auf den Hochverzugsstreckwerken D 3 und D 4.

Weil SP 3$_2$ mit 18,67 fachem Verzug unter Ausschaltung des Hoch- Nf 42 Z. Fein-Spulers für Nf = 42 Z mit 3,0—3,26 km zu schlechte Ergebnisse gegenüber dem KS, EB mit 10,7—20 kmR brachte, wurde eine Verringerung des Verzuges auf 15,27 vorgenommen (SP 2$_2$), die Lauflänge des Garnes (kmR 5—5,08) dadurch allerdings noch nicht genügend verbessert. Durchzugswalzen von 60 g auf D 4 arbeiteten etwas günstiger als solche von 75 g.

Um weniges besser ist für Nf = 30 das nach SP 5$_2$ erzielte Ergebnis Nf 30 Z. mit 6,10—6,35 km D 3 und 4,15—5,16 für D 4; während das gewöhnliche KS, EB 15,88 kmR hatte.

Durchweg sind für die Makogarne die Zahl der Fadenrisse auf die Längeneinheit für die höheren Verzüge 3 bis

5*

6mal so groß als bei normalem Verzug und vier Spuler-durchgängen.

Die Tatsache, daß trotz des langfaserigen, gekämmten Vorgarnes die Fadenrißzahl bei Mako so ungünstig für die Hochverzugsstreckwerke ausfiel, ist wohl damit zu erklären, daß die Durchzugswalzen für die feineren Nummern zu schwer waren. Der Druck auf die Einzelfaser war dann infolge der viel geringeren im Querschnitt befindlichen Faserzahl zu groß; um ein Zerreißen der Fasern zu vermeiden, mußte die Drucklinien-entfernung um 2 mm vergrößert werden; für die so verringerte Gleit-länge dürften die angewendeten Verzüge zu hoch gewesen sein. Durch diesen Umstand und die naturgemäß größere Empfindlichkeit der feine-ren Garnnummern gegen Zugbeanspruchung beim Spinnen ist vielleicht die so geringe Lauflänge zu erklären.

Nf 25 Z.   a) Gewöhnliches Vorgarn. SP 6_2 mit KS, EB zeigt hiebei etwas günstigere Durchschnittswerte als 7_2, was durch den geringeren Verzug erklärlich ist. Alles übrige ist aus den Aufstellungen zu entnehmen. Es zeigt sich, daß, abgesehen von der Größe des Verzuges, vor allem die Anzahl der Fachungen für ein gutes Laufen der Garne maßgebend ist. Greift man aus den DS z. B. das Streck-werk D_4 heraus, so stellen sich die Spinnpläne der Güte (Mittel der kmR) nach geordnet wie folgt:

1. SP 7   mit 6,93 km Verzug 5,56 Fachungen 6
2. „ 10   „   4,96 „   „   15,6   „   7
3. „ 11   „   3,93 „   „   12,5   „   4
4. „   9 (13) „   3,18 „   „   12,5   „   4
5. „   9 (14) „   2,36 „   „   6,25   „   3

Durch diese Reihenfolge ist das oben Gesagte bewiesen.

b) Vorgarn mit Hochverzug auf der Strecke. Bei Ver-gleich der nach SP 11_2 auf T 40 und T 60 mit verschiedener Anwendung der Strecken mit Vorgarn S3, R1, R2 gesponnenen Garne zeigt sich folgende Güteordnung:
1. R_1 T 40 mit 7,14 km — 2. R_2 T 60 mit 5,65 km — 3. R_2 T 40 mit 6,05 km — 4. R_1 T 60 mit 4,35 km — 5. S_3 T 60 mit 4,83 km — 6. S_3 T 40 mit 3,25 km, was besagt, daß die mit Hochverzug auf der Strecke nach Rothschem Verfahren hergestellten Vorgarne R_1 und R_2 für SP 11_2 hier besser gelaufen sind als die gewöhnlich 3mal gestreckten. Dasselbe zeigte sich mit den nach SP 11_2 mit kleinen Spulergeschwindigkeiten auf RJ gesponnenen Garnen, wobei RJ R_2 mit 8 km auch die oben angeführten Ergebnisse noch übertrifft. Legt man diesem Vergleich SP 7_2 zugrunde, so ergibt sich nachstehende Reihenfolge unter Verwendung des weichgedrehten Vorgarnes. 1. T 40 mit 7,87 km — 2. T 60 mit 6,67 km — 3. RT 40 mit 6,58 km — 4. D 4 mit 6,37 km — 5. D 3 mit 6,10 km — 6. RT 60 mit 5,68 km.

Hieraus ist ersichtlich, daß für SP 7$_2$, d. h. für niederen Verzug bei drei Spulerdurchgängen die dreimalgestreckten Garne weniger Fadenrisse hatten als die mit Hochverzug auf einer Strecke vorbehandelten.

c) Vorgarn mit verschieden starker Drehung. Bei Untersuchung des Einflusses der Vorgarndrehung auf die Anzahl der Fadenrisse in SP 7$_2$ läßt sich eine verschiedene Wirkung bei den einzelnen Streckwerken beobachten. Die Drehung des Vorgarn mit b = 0,573 ist etwas günstiger nur auf D4 (6,67 kmR), während sich bei D3 (6,11), T40 (6,76) und T60 (4,79) eine wesentliche Verminderung der Risse (D3 — 6,10; D4 — 6,37; T40 — 7,87; T60 — 6,67) erreichen läßt durch Herabsetzung der Drahtzahl fürs Vorgarn auf 0,543. Auf den Einfluß der verschiedenen Kardenlieferung nämlich für „langsam" ungefähr 8,0 Abnehmerdrehungen in der Minute und für „schnell" ungefähr 13,5 wird in Zusammenhang mit der Besprechung der Spulerei-Untersuchung näher eingegangen.

d) Der Hochverzug auf der Strecke. Zur Untersuchung des Hochverzuges auf der Strecke wurden Vergleichsversuche über die Nummerschwankungen sowohl des Streckbandes, als auch der Groblunte vorgenommen. Abb. 2$_{15}$ zeigt bei Abwiegen von fortlaufend je 0,5 m Streckenband insofern ein auffallendes Ergebnis, als für R1 und S3 die G besser ist als für R2. — Vernachlässigt man unter je 50 Werten für das Gewicht von je 5,0 m Streckenband den schlechtesten (Abb. 3$_{15}$), so ist am besten R2, hierauf folgen S3 und R1. Auf Abb. 4$_{15}$ sind je 50 Wägungen von je 20,0 m Groblunte aufgetragen. In der G ist kein Unterschied festzustellen.

Zusammenfassend kann trotz des unterschiedlichen Ergebnisses dieser Untersuchungen gesagt werden, daß eine größere Ungleichmäßigkeit des Gutes durch Verwendung von nur 1 oder 2 Strecken mit Hochverzug auf der ersten Strecke, gegenüber drei Strecken mit gewöhnlichem Verzug nicht festzustellen war.

In der Spulerei ist der beste Wert der Fadenriß-Untersuchungen für die Garne Nf = 25 T60 SP 7$_2$, bei wenig Vorgarndrehung mit 60,89km. Es folgen mit 50 km und weniger, ebenfalls nach SP 7$_2$, D4 und D3 (mit gewöhnlicher Vorgarndrehung) T40 mit weniger Vorgarndrehung und schließlich R1 T60. Auf gleicher Stufe im Mittelwert steht mit 47,62 km bzw. 38,16 km das nach SP 7$_2$ aus Vorgarn R2 auf gewöhnlichem Klemmstreckwerk hergestellte Garn. Da die angeführten vorteilhaften Werte alle nur mit SP 7$_2$, d. h. 5,55 fachem Verzug und drei Spulerdurchgängen erreicht wurden, erscheint besonders günstig mit 39,61 km das nach SP 11$_2$ gesponnene Garn R1 T40 sowie T60 mit 37,04 km mit nur zwei Spulerdurchgängen und 12,5 fachem Verzug. Nicht viel besser ist D4 mit 41,67 km nach SP 10$_2$ mit drei Spulerdurchgängen und 15,6 fachem Verzug. Die übrigen Werte nach SP 7_2 liegen alle ungefähr zwischen 20 und 30 km mit Ausnahme des besonders abfallenden Ergebnisses R1 T40 mit 10,8 km. Auf gleicher Höhe steht mit ungefähr 27 km im Durchschnitt SP 6_2 auf gewöhnlichem Streckwerk, wobei der niedere Verzug von 5,0 und die Verwendung von drei Spulern ein besseres Ergebnis erwarten ließen. Von SP 9 $(14)_2$ und 11_2 mit 12,5 fachem Verzug wurden die günstigsten Ergebnisse erzielt durch das T-Streckwerk mit einem Durchschnittswert von ungefähr 22 km. SP 9 $(13)_2$ zeigt sich sehr ungünstig mit 9,7 km; der niedere Verzug von 6,25 konnte den Mangel an Fachungen nicht ausgleichen. Die Streckwerke D3 und D4 ergaben für die SP 9 $(14)_2$ und 11_2 einen Durchschnitt von rd. 15 km Lauflänge auf einen Fadenriß. SP 9 $(14)_2$ entspricht jedoch in diesen beiden Fällen den anderen Ergebnissen, was im Widerspruch steht zu der beim T-Streckwerk gemachten Erfahrung. Diese Unklarheit wird behoben bei Heranziehung der Zusammenstellung der Spinnerei-Fadenrisse, woraus ersichtlich ist, daß SP 9 $(13)_2$ tatsächlich ungünstiger ist als 9 $(14)_2$ und 11_2, obwohl letztere den doppelten Verzug aufweisen.

Unter SP 11_2 sind die mit Vorgarn R1 hergestellten Garne am besten gelaufen auf T60 mit 18,5 km; es folgen der Güte nach T40 mit 17,5 km und D3 mit 14,4 km.

Bei Vergleich der mit verschieden großer Kardenlieferung vorgenommenen Versuche in der Spulerei zeigen sich ganz eigenartige Verhältnisse, indem für D3, D4 und T, nach SP 11_2, die langsame Kardenlieferung, nach SP 9 $(14)_2$ dagegen die schnelle Kardenlieferung bessere Ergebnisse hatte.

Zieht man in diesem Fall wieder die Spinnereiversuche zu Rate, so wird für SP 11_2 das naturgemäß richtige Ergebnis bestätigt, daß die langsamere Lieferung der Karden sich auf die Fadenrißzahl im weiteren Verarbeitungsgang gegenüber der schnelleren Lieferung günstig auswirkt, da das Fasergut länger in der Maschine bleibt und so einer gründlicheren Behandlung ausgesetzt wird.

Bei SP 9 $(13)_2$ ist auch in der Spinnerei die Fadenrißzahl größer bei langsamer Kardenlieferung für das T Streckwerk, während für D3 und D4 hier im Gegensatz zur Spulerei langsame Lieferung der Karden bessere Werte ergibt wie die schnelle.

Während also für SP 11_2 der Vorteil langsamer Kardenlieferung klar erwiesen ist, spielen bei SP 9_2 andere, unbekannte Umstände herein, die das Ergebnis unklar machen. Alle genannten Versuche mit verschiedener Kardenlieferung wurden vorgenommen auf neuen noch nicht genügend eingelaufenen Maschinen, woraus die besonders für langsame Lieferung etwas niederen Werte zu erklären sind.

Nf 12 Z.   Unter den Werten für die Garne Nf = 12 ist der beste erzielt worden auf RJ nach SP 15_3 mit 40,66 km mit nur zwei Spulerdurchgängen und 9,23 fachem Verzug gegenüber SP 14_3 mit 35,82 km bei Anwendung von drei Spulern mit niederem Verzug von 6 auf RJ und dem noch viel geringeren Wert von 20,4 km auf altem Klemmstreckwerk.

Auf gleicher Stufe wie letztgenanntes stehen mit rd. 22 km die SP 16$_3$ und 19$_3$ und an letzter Stelle mit nur 10,39 km der SP 17$_3$, dessen 16facher Verzug bei nur zwei Spulerdurchgängen sich für die Zahl der Fadenrisse nachteilig geltend macht.

Zusammenfassend kann festgestellt werden, daß grobe Garne, die mit mäßigem Verzug von ungefähr 10 bei zwei Spulerdurchgängen auf Durchzugsstreckwerk gesponnen sind, in der Spulerei sehr vorteilhaft laufen und den auf gewöhnlichem Streckwerk mit drei Spulern hergestellten Garne, was die Zahl der Fadenrisse betrifft, überlegen sind.

Von den Garnen Nf 10 Z sind in der Spulerei am besten gelaufen Nf 10 Z. die auf gewöhnlichem Klemmstreckwerk nach SP 22$_3$ hergestellten mit 20,41 km, wobei jedoch zu beachten ist, daß die Maschinen nur mit 7470 Spindelumdrehungen laufen gegenüber 8560 der RJ-Maschinen. Der nächstgünstige Wert ist 15,63 km auf RJ mit langsamer Kardenlieferung nach SP 25$_3$. Ähnlich sind die SP 24$_3$, 26$_3$ und 32$_3$ alle nur mit zwei Spulerdurchgängen und einem mäßigen Verzug von ungefähr 9÷12 mit Ausnahme von SP 24$_3$ mit einem 18,18fachen Verzug, bei allerdings doppelter Aufsteckung am Ringspinner.

Die größere Anzahl der Fachungen an der Strecke erweist sich für die Verkleinerung der Fadenrißzahl in der Spulerei als günstig mit 16,7 km gegen 13,4 km ebenso die langsame Kardenlieferung gegenüber der schnellen mit 15,8 km gegen 12,9 km.

In der Zettlerei zeigt sich bei Garn Nf = 25 als günstigster Wert Nf 25 Z. SP 7$_2$ mit Garnen, die von verschiedenen Hochverzug-Streckwerken, wie D 3, D 4, T 40, T 60, zusammengenommen worden waren, mit einer Lauflänge von 561,8 km auf einen Riß, während SP 8$_2$ mit ähnlichem Verzug auf gewöhnlichem Streckwerk nur eine Lauflänge von 304,9 km erzielt. Als zweitbestes Ergebnis ist D 4 mit 440 SP 9$_2$; es folgen T 40, SP 11$_2$, mit (509 + 291) = 338 km; D 3 (329), Sp 9$_2$, T 60 (316, 46), Sp 11$_2$; die beiden niedersten Werte zeigen die aus Roth-Vorgarn hergestellten Garne nach SP 11$_2$ mit 212,77 und 215,52 km auf einen Riß.

Bei Garn Nf = 12 zeigt SP 15$_3$ mit 324,32 km einen wesentlichen Nf 12 Z. Vorsprung gegenüber 14$_3$ mit 237,62, woraus zu ersehen ist, daß für niedere Garnnummern die Anwendung von zwei Spulerdurchgängen mit erhöhten Verzügen auf Durchzugsstreckwerken für die Verminderung der Zahl der Risse äußerst vorteilhaft ist.

Bei Garn Nf 10 zeigt SP 26$_3$ mit 142,86 km Lauflänge bei einem Nf 10 Z. Verzug von 11,76 auf RJ sich dem SP 22$_3$ mit 141,84 km bei einem Verzug von nur 4,55 auf gewöhnlichem Klemmstreckwerk überlegen.

Zusammenfassung. Man ist also in der Lage, unter Er-
sparung eines Spulerdurchganges auf Durchzugsstreckwerken mit einem Verzug, der das 2,6fache des angewandten niederen Verzuges auf einem Dreizylinder-Klemm-
streckwerk ist, ein Garn zu spinnen, das in der Zettlerei
noch besser läuft als das gewöhnliche.

In der Schlichterei wurden an ungefähr 200000 m gleichartiger
Ware aus Garnen von Nf = 25 Versuche zur Feststellung der Längung
des Gespinstes im Verlaufe des Bearbeitungsganges vorgenommen.

Für die auf Hochverzugsstreckwerken mit ungefähr 12fachem Verzug gesponnenen Garne ergab sich eine Durchschnittslängung von
2,14% bei einem Höchstwert von 2,86% und einem Mindestwert von
1,0%. Die nach dem gewöhnlichen Verfahren erzeugten, ungefähr 6fach
verzogenen Garne zeigten eine mittlere Längung von 2,57%, während
der höchste Wert sich auf 3,59% und der niederste auf 1,56% stellte.

Zur Ergänzung dieser Ergebnisse wurden einige Sonder-Vergleichsversuche vorgenommen, indem die beiden zu vergleichenden Posten
auf derselben Maschine unter möglichst gleichen Voraussetzungen und
zeitlich dicht aufeinanderfolgend bearbeitet wurden.

Garn Nf.	Verzug	Streck-werk	Längung	Aufnahme an Schlichte	Rohlänge der Ware in Meter
1. 25	12,5	T 40	1,8%	4,42%	8030
25	6,5	KS	0,9%	4,38%	8030
2. 25	12,5	D 3	1,71%	3,14%	8030
25	6,5	KS	1,53%	4,77%	8030
3. 25	12,5	D 3	1,0%	4,3%	4800
25	12,5	D 4	2,12%	5,33%	8030
4. 25	12,5	T 60	1,8%	2,7%	4800
25	5,5	KS	1,13%	2,2%	4800
5. 10	11,7	R J	1,7%	1,8%	4270
10	4,5	Selbst-spinner	1,6%	2,0%	4270

Während der Durchschnitt der Gesamtuntersuchungen für die gewöhnlichen Garne mit niederem Verzug eine größere Längung ergibt,
zeigt die Zusammenstellung der Sondervergleiche deutlich eine größere
Längung für Hochverzugsgespinste. Weil die Längung der Garne von der
Bedienung der Maschine beeinflußt werden kann, sind als maßgebend die
Ergebnisse der Sondervergleiche zu betrachten. Berücksichtigt man aber
den Gesamtdurchschnitt und die Tatsache, daß bei den Sondervergleichen
der Unterschied in der Längung zwischen Hochverzugs- und Normal-
verzugsgarn im Höchstfalle 0,9% beträgt, so kommt man zu dem Schluß,
daß innerhalb der angewendeten Verzugsgrenzen die Längungsunter-
schiede in der Schlichterei nicht von Bedeutung sind. Ebenso ist es

mit der Aufnahme von Schlichte, deren Wert bald für gewöhnliche Garne, bald für Hochverzugsgarne größer ist.

Die Unmöglichkeit für die Längungswerte in der Schlichterei ein eindeutiges Ergebnis zu erhalten darf vielleicht damit erklärt werden, daß schon bei der Verarbeitung in der Spulerei und Zettlerei eine Beanspruchung auf Dehnung stattfindet. Die verschiedenen Garne haben dann, je nach ihrer Beschaffenheit oder Größe des erlittenen Zuges, schon vor der Schlichterei eine mehr oder weniger große Längung erfahren und die festgestellte Längung in der Schlichterei ist nur ein restlicher Teil des ganzen Dehnungsvermögens des Garnes.

Für die Weberei sind in der Zusammenstellung der Untersuchungen sowohl für Schuß als auch für Zettel die verwendeten Garnlängen in Kilometer auf 1 Fadenriß verzeichnet.

Die Stühle, auf welchen die Versuche vorgenommen wurden, sind Nf 25 S. Unterschläger mit ungefähr 180 (für 88 cm breite Gewebe) bzw. 130 Umdrehungen (für 188 cm breite Gewebe) in der Minute. In der GK = Gewebekennzeichnung ist die Breite in Zentimeter des Gewebes × Anzahl Zettelfäden auf $\frac{1}{4}$ franzözischen Zoll (= 0,77 mm) × Anzahl Schußfäden auf $\frac{1}{4}$ französischen Zoll angegeben.

Das mit 18 bezeichnete Gewebe besteht nur aus Garnen von Nf = 17 und hat bei 188 cm Breite im Zettel und im Schuß 18 Fäden auf $\frac{1}{4}$ Zoll französisch.

a) Spinnpläne mit kleiner Spulergeschwindigkeit. Bei Betrachtung der Schußergebnisse zeigt sich in hervorragender Weise SP 38_4 allen anderen überlegen, indem er mit 158 km ungefähr das Doppelte des nächstbesten Wertes, nämlich SP 41_4 mit 76 km, darstellt. Daß das nach SP 38_4 gesponnene Garn so vorteilhaft gelaufen ist (158 kmR), erscheint durch die für diese Garnnummer außergewöhnliche Zahl von 4 Spulerdurchgängen leicht erklärlich.

Auffallend gute Ergebnisse zeigt SP 42_4 mit 57,5 km im Durchschnitt, hierauf folgt SP 31_3 mit 45,0 km im Mittel der größten untersuchten Warenlänge von über 36000 m, ein Ergebnis, das in seiner Güte durch die genügende Anzahl der Spulerdurchgänge und Anwendung des mäßigen Verzuges von 10,5 gerechtfertigt ist.

Es folgen weiter SP 34_4 der ganz ähnlich ist wie SP 31_3 mit 35 km, dann 40_4 mit 28 km, ein Garn, das zwar mit 3 Spulerdurchgängen (f = 3) und doppelter Aufsteckung am Ringspinner hergestellt wurde, dem aber die mangelnden Dopplungen an den Spulern und vielleicht der etwas zu hohe Verzug von 14,7 nachteilig ist.

Das in der Güte nächstliegende Ergebnis ist SP 32_3 mit Streckwerk PT bei 26 km Lauflänge auf 1 Riß entsprechend dem besten mit gewöhnlichem Klemmstreckwerk und niederem Verzug erzeugten Garn von 25,8 km aus Beobachtung der Herstellung von über 17350 m Gewebe.

Folgerung. Hiedurch ist der Beweis erbracht, daß mit einem Verzug auf Durchzugsstreckwerken, der mehr als das Doppelte des auf gewöhnlichen Streckwerken angewandten ist, sogar unter Umgehung eines Spulerdurchganges sich ein Schußgarn herstellen läßt, das in der Weberei ebenso günstig verarbeitet werden kann, wie das nach gewöhnlichem Verfahren hergestellte.

Fast auf gleicher Stufe wie die zuletzt genannten SP steht RJ SP 39₄ mit 25,0 km, dann folgen PT SP 36₄ mit 19 km und RJ SP 9₂ mit 18,6 km, die zwei Selbstspinnergarne vom gewöhnlichen Streckwerk mit 15,3 und 14,5 km, RJ SP 36₄ mit 10 km und als geringster Wert PT SP 33₃ mit 6 km, was jedoch als ungerechtfertigt schlechtes Ergebnis zu betrachten ist.

Bei Vergleich der von den Maschinen RJ und PT nach SP 32₃ und 36₄ erzeugten Garne zeigt sich PT günstiger (26 — 19), was durch die geringere Drehzahl dieser Maschinen zu erklären ist. Daß SP 32₃ in beiden Fällen bessere Ergebnisse erzielte als 36₄ ist aus der Art des Spinnplanes selbst ohne weiteres klar.

Nr 22 S. Beim 22er Schuß ist RJ trotz größerer Drehzahl der Maschine besser. Insgesamt zeigt sich für Schußgarne eine bedeutende Überlegenheit der Hochverzugsgespinste, soweit die Zahl der Fadenrisse in der Weberei in Frage kommt. Bei Vergleich der bei Herstellung des größten Postens des Gewebes 88 × 22/22 verwendeten Schußgarne zeigt sich in der Zahl der Fadenrisse das nach SP 31₃ gesponnene mit 44,97 km um mehr wie 70% besser als das nach gewöhnlichem Verfahren hergestellte mit 25,8 km (SP 34₄).

b) Spinnpläne mit großen Spulergeschwindigkeiten. Im Zettel zeigen die Garne infolge höherer Beanspruchung als bei Schuß bedeutend geringere Werte für die auf einen Riß treffende verbrauchte Fadenlänge. Das beste Ergebnis zeigt bei SP 9₂ das T-Streckwerk mit 7,9 km gegenüber D3 und D4 mit 5,5 km bei 88 × 18/20 und dem gewöhnlichen Streckwerk mit niederem Verzug mit 7,05 km bei dem leichteren Gewebe 88 × 18/18. Je geringer die Dichte des Gewebes, desto kleiner ist die Beanspruchung des Garnes und desto weniger Fadenrisse dürften entstehen. Verhältnismäßig günstig ist auch D4 nach SP 11₂ mit 7,2 km bei 88 × 20/20, besonders wenn man den geringen Schlichtegehalt von 3,5% berücksichtigt. Unter den Werten des dichtesten Gewebes 88 × 22/22 ist der beste vom gewöhnlichen Ringspinnergarn mit niederem Verzug mit 5,8 km (SP 8₂); es folgen D 3 mit 5,1 km, nach SP 9₂, T40 mit 4,05 und T60 mit 3,91 km, nach SP 1₂

Schlußfolgerung. Es ergibt sich somit in der Weberei bei Betrachtung des Gewebes 88 × 22/22, von welchem die größten Längen untersucht wurden, daß die mit nur zwei Spulerdurchgängen und 12,5fachem Verzug nach SP 9₂ erzeugten Zettelgarne den Beanspruchungen nicht so gut standhalten, wie die mit niederem Verzug und 3 Spulerdurchgängen auf gewöhnlichem Streckwerk gesponnenen.

Bedenkt man jedoch, daß trotz des ungünstigeren Spinnplanes bei leichteren Geweben wie 88 × 18/20 bzw. 88 × 18/18, Hochverzugsgarne auch in der Kette bessere Ergebnisse erzielen, und daß im allgemeinen bei einem verdoppelten Verzug der wirtschaftliche Vorteil groß genug ist um statt nur zwei Spulerdurchgängen, wie bei den Versuchen, die üblichen drei Spulerdurchgänge anzuwenden, so darf wohl angenommen werden, daß die mit höheren Verzügen gesponnenen Garne in der Weberei nicht zurückstehen gegenüber den mit niederem Verzug erzeugten.

Gewebe-Reißproben.

Von dem im Zettel untersuchten Gewebe 88 × 22/22 zeigt die größte D und E das nach gewöhnlichem Verfahren hergestellte Garn mit 41,1 kg und 13,8%, Abb. 5₁₅, dagegen die geringste G wie aus der schrägen Geraden U ersichtlich ist.

An nächster Stelle steht das auf T 60 hergestellte Garn mit 39,0 kg, D und 12,2% E. Das aus diesen Garnen hergestellte Gewebe ist in der G am besten.

Das auf T 40 gesponnene Garn ergab im Gewebe eine durchschnittliche D von 32,98 kg und eine durchschnittliche E von 10,89%. In der G steht es zwischen den beiden zuerst genannten Geweben.

Die auf T 40 und T 60 hergestellten Garne Nf = 25 sind gesponnen mit 12,5fachem Verzug bei nur zwei Spulerdurchgängen (SP 11₂), die gewöhnlichen Garne mit niederem Verzug von 5÷6 und den üblichen drei Spulerdurchgängen auf gewöhnlichem Klemmstreckwerk.

Dennoch ist das mit T 60 bezeichnete Gewebe in E und D dem gewöhnlichen kaum unterlegen in G sogar überlegen.

Die gleichen Gewebe 88 × 22/22 im Schuß untersucht ergaben für die mit RJ-Schußgarnen hergestellten Gewebe die Werte (Abb. 6₁₅) von 53,7 kg und 40,4 kg als D, 12,6% und 12,0% als E. Im Durchschnitt ergibt dies ungefähr 47 kg D und 12,3% E.

Die mit gewöhnlichem Schußgarn hergestellten Gewebe hatten die D von 46,7 kg und die E von 10,7%.

Die genannten RJ-Schußgarne sind mit 10,5fachem Verzug und drei Spulerdurchgängen gesponnen (SP 31₃).

Man ersieht aus diesem Vergleich, daß die mit geringerem Verzug von ungefähr 6 auf Klemmstreckwerken hergestellten gewöhnlichen Garne in D den mit höherem Verzug auf

einen Durchzugsstreckwerk gesponnenen Garnen nicht überlegen und in E sogar unterlegen sind.

In der G besteht kein nennenswerter Unterschied.

Bei den Geweben 88 × 18/20 ist im Zettel für die aus Hochverzugsgarnen hergestellten (D3 und D4) gegenüber den aus gewöhnlichen Garnen ein besserer Durchschnittswert (Abb. 7$_{15}$) für die E und der gleiche
Wert für die D festzustellen. In der G sind die aus Hochverzugsgarnen
hergestellten Gewebe besser. Die Gewebe aus gewöhnlichen Garnen
zeigen einige unnötig starke Stellen.

Die Hochverzugsgarne wurden hergestellt auf den Streckwerken D3
und D4 mit 12,5fachem Verzug und nur zwei Spulerdurchgängen.

Die im Schuß verglichenen Gewebe 88 × 18/20 ergaben für die RJ-
Garne eine höhere D (Abb. 8$_{15}$), E und G, sind also den aus gewöhnlichen
Garnen hergestellten Geweben in allem überlegen.

Die RJ-Garne wurden mit 10,5fachem Verzug nach SP 31$_3$ gesponnen, die gewöhnlichen Garne auf Klemmstreckwerk mit nur ungefähr 6fachem Verzug. In beiden Fällen kamen drei Spulerdurchgänge
zur Anwendung.

Ein weiterer Vergleichsversuch wurde vorgenommen auf einem Zer-
reißapparat mit 300 mm Einspannlänge für die Gewebe 88 × 18/18. Hier
ergab sich für das nach SP 11$_2$ auf T-Streckwerk hergestellte Zettelgarn
eine D des 50 mm breiten Gewebestreifens von 29,52 kg als Durchschnitt
aus 5 Einzelversuchen.

Das aus gewöhnlichem Garn hergestellte Gewebe stand in der D um
fast 4,5% zurück. In der E erreicht das Gewebe aus gewöhnlichem Zettelgarn einen Wert von 12,38% gegen 10,74%, des aus Hochverzugsgarn
hergestellten Gewebes. Für den Schuß hatten in diesen Geweben für
beide Fälle die gleichen Garne Verwendung gefunden.

Zusammenfassend kann für vorliegende Untersuchungen das
Ergebnis festgestellt werden, daß die mit ungefähr doppeltem Verzug unter Einsparung eines Spulerdurchganges auf Durch-
zug-Streckwerken erzeugten Zettelgarne den gewöhnlichen
nicht unterlegen sind. Das gleiche gilt für die mit ungefähr
doppelten Verzug gesponnenen Schußgarne mit der gewöhnlichem Anzahl der Spulerdurchgänge.

Untersuchungen beim Veredeln (Ausrüsten) der Gewebe.

1. Versuch:

Verwendet wurden ungefähr 750 m Gewebe 88 × 18/18 zur einen
Hälfte aus Hochverzugs-Zettelgarnen (H) zur anderen aus gewöhnlichen
Garnen (G).

Die rohen Gewebe wurden in zwei Bahnen durch die Sengmaschine
geführt und der Gewichtsverlust gleich nach dem Sengen und Trocknen

bestimmt. Für die H-Ware betrug der Gewichtsverlust 5,87%, für die G-Ware 7,08%.

Um Feuchtigkeitsunterschiede der Ware auszugleichen, wurde diese 5 Tage an einem trockenen Platz bei natürlicher Luftfeuchtigkeit gelagert. Der Gewichtsverlust in der Sengerei stellte sich dann für das H-Gewebe auf 3,08% für das G-Gewebe auf 3,22%. In beiden Fällen zeigt sich also beim G-Gewebe die größere Gewichtsabnahme.

Maßgebend für den Vergleich sind zwar nur die annähernd gleichen, nach dem Lagern bestimmten Werte von 3,08% und 3,22%.

Daß das G-Gewebe im Gegensatz zu den berechtigten Erwartungen größeren Gewichtsverlust in der Sengerei hatte, muß damit erklärt werden, daß in vorliegendem Falle nicht nur der Verlust der abgesengten Fasern festgestellt wurde, sondern auch das teilweise Verdampfen der im Gewebe enthaltenen Fette, sowie das teilweise Auswaschen der Schlichtemittel beim Nachspülen der gesengten Ware. Hatte also die rohe G-Ware einen etwas höheren Schlichtegehalt als die H-Ware, so war auch die Möglichkeit einer größeren Abnahme des Fett- und Schlichtegehaltes der Ware beim Sengen und Nachspülen gegeben. Diese Gewichtsabnahme konnte also den naturgemäß zu erwartenden geringeren Fasersengverlust größer erscheinen lassen.

Ein größerer Fasersengverlust beim H-Gewebe wäre deshalb zu erwarten gewesen, weil die Hochverzugsgarne im allgemeinen als etwas rauher gelten dürfen, wegen der größeren Abspaltung von Fasern beim Strecken.

2. Versuch:

Um die Fehlerquellen des ersten Versuches möglichst zu beseitigen, wurde die zur Untersuchung bestimmte Ware vor dem Sengen entschlichtet, getrocknet und sofort gewogen.

Die gewöhnliche Ware (G) und die Hochverzugsware (D) wurden dann gleichzeitig nebeneinander (in zwei Bahnen) doppelseitig gesengt und ohne Nachspülen sofort wieder in warmem, vollkommen trockenem Zustand gewogen. Hiebei ergab sich für je 120 kg entschlichtete Rohware für die G-Ware ein Gewichtsverlust von 1,5 kg = 1,25% und für die D-Ware ein solcher von 3,0 kg = 2,5%.

Der Gewichtsverlust durch doppelseitiges Absengen der Fasern war also für die aus Hochverzugs-Zettelgarnen hergestellte Ware der doppelte der aus gewöhnlichen Zettelgarnen hergestellten Ware.

Die verwendeten Gewebe waren von gleicher Art und Stellung wie beim ersten Versuch.

3. Versuch: Gewebe 88 × 22/22.

E: Aus Zettelgarnen vom Streckwerk T 60 nach SP 11$_2$, Schußgarnen von Streckwerk RJ nach SP 31$_3$ (über 1200 m Gewebe).

F: Aus Zettelgarnen von Streckwerk T40 nach SP 11$_2$, Schußgarn wie oben (über 1200 m Gewebe).

K: Aus gewöhnlichem Zettel- und Schußgarn (über 2200 m Gewebe).

Die genannten Gewebe wurden zusammenhängend von der Rohware bis zur fertig gebleichten Ware behandelt.

Hiebei ergaben sich folgende Längungen und Gewichtsabnahmen der Ware: E: Längung 3,96%, Gewichtsverlust 9,8% — F: Längung 4,06%, Gewichtsverlust 10,1% — K: Längung 4,68%, Gewichtsverlust 10,4%.

Der Gewichtsverlust kann praktisch als gleich angesehen werden.

Dagegen ergab sich für das aus gewöhnlichen Garnen hergestellte Gewebe eine größere Längung als für die Hochverzugsgewebe.

4. Versuch: Gewebe 88 × 18/20.

D: Aus Zettelgarnen von den Streckwerken D3 und D4 nach SP 11$_2$, Schußgarnen von Streckwerk RJ nach SP 31$_3$ (über 2400 m Gewebe).

L: Aus gewöhnlichen Zettel- und Schußgarnen (über 2400 m Gewebe).

Nach dem gleichen Behandlungsgang der Ware wie bei Versuch 3 ergaben sich folgende Werte für D: Längung 2,33%, Gewichtsverlust 9,6% — L: Längung 2,40%, Gewichtsverlust 9,6%.

Auch hier ist der Gewichtsverlust gleich. Die Längung bei dem aus gewöhnlichen Garnen hergestellten Gewebe etwas größer.

Zusammenfassend kann ein wesentlicher Unterschied zwischen gewöhnlichen Geweben und Hochverzugsgeweben nicht festgestellt werden.

Die Größe des Fasersengverlustes allein ließ sich eindeutig nicht ermitteln. Wohl ergibt der zweite Versuch einen wesentlich größeren Fasersengverlust für Hochverzugsgewebe, doch ist der ganze Gewichtsverlust der Ware beim Veredeln gleich.

Für die gewöhnlichen Gewebe ließ sich eine etwas größere Längung feststellen, als bei den Hochverzugsgeweben.

III. Teil.

Wirtschaftliche Gesichtspunkte.

A. Allgemeines über wirtschaftliche Vorteile bei Verwendung von Hochverzug.

Es ist eine von den Fachkreisen vielfach bestätigte Tatsache, daß eine baulich sorgfältig ausgeführte und spinntechnisch richtig verstandene Anwendung von Hochverzugstreckwerken wirtschaftliche Vorteile bringen kann, deren Hauptgesichtspunkte einer näheren Betrachtung unterzogen werden sollen.

Ein besonderer Vorzug des Hochverzuges wird darin gesehen, daß er eine wesentliche Vereinfachung des Betriebes gewährleistet, weil aus einer Vorgarnnummer größere Nummerngruppen hergestellt werden können als mit dem gewöhnlichen Streckwerk. Ferner gestattet die erhöhte Unempfindlichkeit der Hochverzugstreckwerke gegen Schwankungen im Stapel eine Herabsetzung der Anzahl der Mischungen, wodurch eine wesentliche Arbeitsersparung für Kontrolle und Änderung der Zylinderstellungen beim Übergang von einer Stapellänge zur anderen eintritt.

Es wird z. B. berichtet (59), daß eine englische Spinnerei auf einem Hochverzugstreckwerk von Asa Lees mit niederem Verzug Garn von $N_e = 18$ spinnt aus einer Baumwolle, die um 0,6 Cts. je lb. (= 5,54 Pf. je kg) billiger ist als die, welche für dieselbe Nummer bei Klemmstreckwerken verwendet wurde, und daß das so gewonnene Garn eine Erhöhung der Reißkraft des Stranges um 4 lbs. (= 1,81 kg) ergab.

In diesem Fall wurde die Verwendung geringerer Baumwolle durch niedrigeren Verzug ausgeglichen, während noch die Möglichkeit besteht, mit doppeltem Verzug bei doppelter Aufsteckung zu arbeiten, was allerdings die Kosten je Kilogramm erhöhen würde. Welches von beiden Verfahren das geeignetste ist, hängt von der Lage jedes einzelnen Falles ab; vielleicht wird es günstiger sein, mit einfacher Aufsteckung und niedrigerem Verzug zu arbeiten, weil gewisse Streckwerke doppelt aufgesteckte feine Vorgarne wegen deren größerer Drehung schlechter verziehen.

Unter den zwei Anschauungen über den zur Erzielung von Ersparnissen einzuschlagenden Weg, vertritt die eine die Beibehaltung sämtlicher Arbeitsgänge im Vorwerk und führt drei Möglichkeiten an, um Hochverzugseinrichtungen gewinnbringend zu verwerten.

1. Bei Verwendung der gleichen Baumwollmischung werden unter Beibehaltung der bisherigen Garngüte die Verzüge auf dem Spinner erhöht; hierdurch können im Vorwerk entsprechend gröbere Nummern gehalten werden, weshalb das Vorwerk in der Lage ist, ohne Erhöhung der Kosten den Anforderungen einer gesteigerten Feingarnlieferung zu genügen.

2. Bei Anwendung normaler Verzüge im Hochverzugstreckwerk wird bei gleich guter Baumwolle wie sonst entweder ein festeres Garn erzeugt und hiefür ein höherer Preis erzielt, oder es wird durch Verringerung der Drehung, wenn für Festigkeitssteigerung kein Verlangen besteht, eine größere Lieferung verursacht.

3. Es wird die Unempfindlichkeit geeigneter Hochverzugsstreckwerke bezüglich der Stapellänge und die Fähigkeit, kurzes Fasergut infolge des kleinen Drucklinienabstandes gleichmäßig zu verziehen, dahingehend ausgenützt, daß die frühere Güte der Erzeugnisse auch mit geringerer, also billigerer Baumwolle erzielt wird, dadurch, daß mit normalem niederem Verzug gesponnen wird.

Nebenbei bemerkt, soll sich die Bauart Casablancas vorteilhaft ausnützen lassen, um aus Mischungen geringerer Baumwollen Garne mit der gleichen Reißkraft, wie sie sonst nur mit besserer Baumwolle erzielt würden, herzustellen, wodurch nach Angaben zahlreicher spanischer Spinnereien eine Ersparnis von 2—8 Cts. (= 8,36 — 33,44 Pf.) je kg beim Einkauf der Rohbaumwolle zu erreichen sei (67, S. 259). Allerdings wird die Verwendung billigerer Mischungen in den Fällen schwer durchführbar sein, wo neben den Hochverzugsmaschinen noch Ringspinner mit alten Streckwerken mit niedrigem Verzug in Betrieb sind, welche geringere Baumwolle nicht vorteilhaft verarbeiten können; hiedurch wäre eine Vermehrung der Mischungen notwendig, was naturgemäß nicht zur Vereinfachung des Betriebes beiträgt.

Die zweite, weit verbreitete Richtung glaubt den höchsten Nutzen aus Hochverzugseinrichtungen ziehen zu können, dadurch, daß ein Teil der Vorbereitungsmaschinen ausgeschaltet wird. Ohne Zweifel ist hier eine wesentliche Ersparnis an Lohn, Kraft, Raum, Anlagekapital und allgemeinen Auslagen zu verzeichnen, vorausgesetzt, daß die erzeugten Garne in der Güte entsprechen. Besonders in Spanien ist die Möglichkeit, Vorwerksmaschinen einzusparen, für die Einführung des Hochverzuges förderlich gewesen. Allerdings sollen anderorts, so in Polen, neue Spinnereien, die auf praktisch nicht erreichbare Verzüge an den Ringspinnern berechnet waren, infolge Maschinenmangel im ganzen Vorwerk in ernstliche Schwierigkeiten geraten sein.

Die Ersparnisse, die sich durch Hochverzug erzielen lassen, werden nach Berichten aus verschiedenen Ländern (68, S. 19, 57, 120) mit mindestens 1 d je lbs = 1,87 Pf. je kg eingesetzt. Daß auch teure Einrichtungen wirtschaftlichen Erfolg nicht ausschließen, beweist die Tatsache, daß ungefähr 30 spanische Spinnereien (67, S. 269) jahrelang mit alten Casablancaseinrichtungen gearbeitet und in Anbetracht der von Anfang an damit erzielten guten Ergebnisse zwei oder drei aufeinanderfolgende Umänderungen bezahlt haben, bis sie die endgültige Ausführung besaßen. Von acht bis zehn dieser Gesellschaften sei bekannt, daß sie für die verschiedenen Ausführungsformen der Casablancaseinrichtung den Gegenwert von 15 Schilling = 15,33 M. in Pesetas je Spindel ausgegeben haben, während einfachere Hochverzugsstreckwerke, wie z. B. eine Doppelrollerbauart von Asa Lees zum Preise von 1 Schilling = 1,02 M. je Spindel hergestellt werden (68, S. 195).

B. Untersuchung über Lohnkosten an den Spulern im allgemeinen.

Da als ein wesentlicher Vorteil der Hochverzugstreckwerke am Ringspinner die Einsparung von Spulern bzw. Spulerlöhnen durch Herabsetzung der Vorgarnnummern oder Verringerung der Spulerfachungen angeführt wird, soll im folgenden eine Untersuchung über die Anzahl der Spulerdurchgänge und der dabei stattfindenden Dopplungen und Verzüge vorgenommen werden.

Als Unterlagen für die zur Untersuchung hergestellten Schaulinien (Blatt 5 und 8) wurden die Lieferungstafeln für amerikanische Baumwolle von Dobson & Barlow (17) verwendet.

Die Löhne je Spindel in 10 Stunden wurden unter Zugrundelegung des Akkord-Durchschnitts- bzw. Normal-Stundenlohnes des Tarifs vom Oktober 1927 für die südbayerischen Spinnereien ermittelt:

am Grobspuler . . . . . 1,273 Pf./Spindel in 10 Std.
am Mittelspuler . . . . 4,02 Pf./Spindel in 10 Std.
am Feinspuler . . . . . 2,77 Pf./Spindel in 10 Std.

(Genannte Zahlen gelten natürlich nur für bestimmte Spindelzahlen unter bestimmten Verhältnissen, die für jeden Betrieb wieder verschieden sind.)

Mit obigen Annahmen wurden Schaulinien gefertigt, die die Löhne je Kilogramm einer jeden Vorgarnnummer an Grob-, Mittel- und Feinspulern erkennen lassen (Blatt 5).

Die an Mittel- und Feinspuler entstehenden Lohnkosten für die dem Ringspinner vorgelegten Vorgarnnummern wurden in sämtlichen Zusammenstellungsmöglichkeiten der Spulerdurchgänge untersucht und in Schaulinien aufgezeichnet (Blatt 8).

Zur Vereinfachung wurden 2 Gruppen gewählt, in welchen die Groblunte $N_e = 0,45$ bzw. $N_e = 0,70$ gleichbleibend gehalten wird. Für Mittel- und Feinspuler wurden Verzüge gewählt von 3,5 bzw. 4,0 bis 5,5 bzw. 6,0 in der Weise, daß die Verzüge sich wie folgt entsprechen:

Mittelspuler	Feinspuler
3,5	4,0
4,0	4,5
4,5	5,0
5,0	5,5
5,5	6,0

Entfällt einer der Spulerdurchgänge, so werden die Mittelspuler-verzüge zugrundegelegt.

Die gewählten Spinnplanausschnitte sind auf Blatt 8 ersichtlich. Für die Berechnung der Schaulinien in Blatt 8 über die an Mittel- und Feinspuler entstehenden Lohnkosten für die Ringspinner-Vorlage seien hier zwei Beispiele angeführt.

1. Beispiel: Verwendet wird Groblunte $N_e = 0.45$.

Mittelspuler Fachung: 1		Feinspuler Fachung: 2		Lohn in Pfg. für 1 kg		
Verzug	Ausgut N_e	Verzug	Ausgut N_e	Mittel-spuler	Fein-spuler	
3,5	1,58	4,0	3,15	1,60	+ 2,05	= 3,65
4,0	1,80	4,5	4,00	1,95	+ 2,95	= 4,90
4,5	2,00	5,0	5,00	2,25	+ 4,15	= 6,40
5,0	2,25	5,5	6,20	2,68	+ 6,00	= 8,68
5,5	2,50	6,0	7,50	3,09	+ 6,90	= 9,99

2. Beispiel: Verwendet wird Groblunte $N_e = 0.70$.

Mittelspuler Fachung 2		Feinspuler Fachung: 2		Lohn in Pfg. für 1 kg		
Verzug	Ausgut N_e	Verzug	Ausgut N_e	Mittel-spuler	Fein-spuler	
3,5	1,23	4,0	2,45	1,18	+ 1,45	= 2,63
4,0	1,40	4,5	3,15	1,38	+ 2,05	= 3,43
4,5	1,58	5,0	3,95	1,63	+ 2,85	= 4,48
5,0	1,75	5,5	4,85	1,88	+ 3,95	= 5,83
5,5	1,93	6,0	5,80	2,14	+ 5,30	= 7,44

Bei Vornahme eines Vergleiches der Vorlagenummern für Ring-spinner ergeben sich folgende Verhältnisse, wenn man zu den Löhnen des Mittel- und Feinspulers (Blatt 8) dazurechnet für:

Groblunte 0,45 aus Streckenband 0,11 (engl.)

Grobspuler Lohn je 1 kg . . . . . . 0,70 Pf.
Strecke   ,,   ,, 1 kg . . . . . 1,15 ,,
                                       1,85 Pf.

Groblunte 0,70 aus Streckenband 0,155 (engl.)

Grobspuler Lohn je 1 kg . . . . . . 1,20 Pf.
Strecke   ,,   ,, 1 kg . . . . . 1,65 ,,
                                         2,85 Pf.

Ringspinner-Vorlage 5,2 engl.

Dopplungen am		Nr.	Lohn in Pfg. für 1 kg		Lohn in Pf. an Strecken u. Spulern für 1 kg
Mittel-spuler	Fein-spuler	engl. der Groblunte	für Mittel- und Feinspuler (Blatt 8)	für Grob-spuler und Strecken	
2	1	0,45	5,45	1,85	7,30
2	1	0,70	5,70	2,85	8,55
1	2	0,45	6,75	1,85	8,60
2	2	0,70	6,40	2,85	9,25
1	2	0,70	7,50	2,85	10,35

Ringspinner-Vorlage 3,6.

2	1	0,45	3,25	1,85	5,10
0	1	0,70	2,50	2,85	5,35
2	2	0,45	3,70	1,85	5,55
1	2	0,45	4,30	1,85	6,15
2	2	0,70	4,—	2,85	6,85

Ringspinner-Vorlage 2,4.

0	1	0,45	1,50	1,85	3,35
2	2	0,45	2,40	1,85	4,25
1	0	0,45	2,90	1,85	4,75
2	2	0,70	2,60	2,85	5,45

Die als Beispiel angeführte Untersuchung läßt sich für jedes Vorgarn durchführen.

Es ist bei der Wahl eines Hochverzug-Spinnplanes natürlich wesentlich unter mehreren spinntechnisch günstigen sich den wirtschaftlichsten auszuwählen, wobei einen großen Einfluß besonders die Wirtschaftlichkeit des Vorgarn-Spinnplanes hat. Und gerade bei Umstellung alter Betriebe auf die Verwendung von Hochverzugs-Feinspinnmaschinen ist man durch die Eigenart des Vorwerkes zu Zusammenstellungen gezwungen, die auf ihre Wirtschaftlichkeit besonders untersucht werden müssen.

C. Untersuchung über die Lohnkosten der für die Versuche verwendeten Spinnpläne.

Während die vorangegangene Betrachtung über die wirtschaftlichen Gesichtspunkte bei der Zusammenstellung der Arbeitsgänge auf den Spulern allgemeiner Natur war, soll im folgenden eine Untersuchung der Lohnkosten der sämtlichen in den Versuchen erwähnten Spinnpläne stattfinden. Um die Übersichtlichkeit zu wahren, wurde eine vereinfachte Form der Berechnung angewendet, indem nur die reinen Arbeitslöhne in Betracht gezogen wurden.

Zur Erläuterung der Tafel 10 seien zwei Beispiele für die Berechnung der an den Spulern und am Ringspinner erwachsenden Lohnkosten angegeben.

1. Beispiel: Spinnplan 44 A.

	Ausgut Nr.		Lieferung in kg je Spindel in 10 Std.	benötigte Spindeln	Lohn in Pf. je Spindel in 10 Std.	
	frz.	engl.		a	b	a · b
Ringspinner	12	14,15	0,32	27,0	1,273	34,40
Feinspuler	2,0	2,36	1,96	4,4	2,77	12,20
Mittelspuler	0,9	1,06	4,08	2,12	4,02	8,53
Grobspuler	0,45	0,53	8,65	1	7,79	7,79
						62,92
Lohn in Pf. je kg an Spulern und am Ringspinner						7,28

2. Beispiel: Spinnplan 2 N.

	Ausgut Nr.		Lieferung in kg je Spindel in 10 Std.	benötigte Spindeln	Lohn in Pf. je Spindel in 10 Std.	
	frz.	engl.		a	b	a · b
Ringspinner	25,—	29,5	0,117	47,—	1,273	59,8
Feinspuler	4,0	4,72	0,74	7,43	2,77	20,6
Mittelspuler	. . .		. . .	. . .	4,02	. . .
Grobspuler	0,7	0,826	5,5	1,—	7,79	7,8
						88,20
Lohn in Pf. je kg an Spulern und am Ringspinner						16,04

Der eingesetzte Lohn in Pfennig je Spindel in 10 Stunden wurde unter Berücksichtigung der Hilfskräfte wie Abzieherinnen, Spulenträgerinnen, Kistenfahrer usw. nach dem Tarif vom Oktober 1927 für die südbayerischen Spinnereien unter Annahme bestimmter Verhältnisse nach Erfahrungen im Betrieb errechnet.

Als Ausgangspunkt für die weitere Berechnung wurde die Liefermenge einer Grobspindel gewählt und die Anzahl der Spindeln errechnet die zur Weiterverarbeitung dieser Menge auf Mittel- und Feinspuler sowie Ringspinner benötigt wird.

Sieht man von einer Abfallentstehung ab, so ergibt die Lohnsumme durch die von einer Grobspindel gelieferten Anzahl Kilo geteilt den am Ringspinner und an den Spulern für ein Kilogramm Fertiggarn zu bezahlenden Lohn.

Nicht mitinbegriffen ist der Lohn für das übrige Vorwerk, wobei an den Karden stets die gleiche Lieferung in Kilogramm vorausgesetzt wird, so daß also nur noch der Lohn je Kilogramm für verschiedene Streckenbandnummern zu den in der Tafel 10 befindlichen Spuler- und Spinnlöhnen gerechnet werden muß.

Zur Bestimmung der an der Strecke für jeden Fall nötigen Bandnummer wird ein 4 bis 5facher Verzug am Grobspuler angenommen. Der Lohn für eine Endablieferung der Strecke bei 3fachem Streckendurchgang betrage 105,5 Pf. je 10 Std.

Lohn an den Strecken:

Groblunte		Verzug	Strecken-band $N_s =$	Lohn in Pfg. je kg	Groblunte		Verzug	Strecken-band $N_s =$	Lohn in Pfg. je kg
frz.	engl.				frz.	engl.			
0,35	0,42	4,00	0,105	1,08	0,65	0,77	4,66	0,165	1,75
0,42	0,50	4,15	0,120	1,25	0,70	0,83	4,76	0,174	1,86
0,45	0,53	4,22	0,126	1,32	0,75	0,89	4,88	0,182	1,95
0,50	0,59	4,32	0,136	1,43	0,90	1,06	5,20	0,204	2,20
0,60	0,71	4,54	0,156	1,65					

Über die Wirtschaftlichkeit eines Spinnplanes können bei Betrachtung der Schaulinien nach Blatt 5 folgende Schlüsse gezogen werden.

Der Lohn je Kilogramm steigt bei den Spulern mit wachsender Nummer viel schneller als beim Ringspinner; es ist daher darauf zu sehen, daß die Spulernummern möglichst niedrig gehalten werden; d. h. ein hoher Verzug auf dem Ringspinner ist günstiger als ein hoher Verzug auf den Spulern.

Doppelte Aufsteckung an den Ringspinnern ist wirtschaftlich an und für sich ungünstig, da eine doppelt so feine Vorgarnnummer als bei einfacher Aufsteckung notwendig ist.

Es ist daher, um die erwünschten Dopplungen zu erhalten, günstiger, an den Spulern 2fach aufzustecken (sofern dies nicht schon der Fall ist) und am Ringspinner einfach.

D. Wirtschaftliche Erwägungen über den Hochverzug auf der Strecke.

Nach Untersuchungen im praktischen Betrieb soll für ein Beispiel eine Wirtschaftlichkeitsrechnung kurz ausgeführt werden.

Als Grundlagen sollen folgende Angaben dienen:

Lohn einer Arbeiterin 53 Pf./Std.

Wickel Nf = 0,00845 (18faches Kardenband)

Streckband Nf = 0,14

Lieferung des Bandwicklers ungefähr 660 kg in 10 Std.

Lieferung der Strecke (5 Ablieferungen) ungefähr 320 kg in 10 Std.

1 Arbeiterin bedient 2 Bandwickler bzw. 15 Streckenköpfe.

Am Bandwickler muß also mit einem Lohn von ungefähr:

$\dfrac{530}{2 \cdot 660} = 0,4$ Pf./kg gerechnet werden, während der Lohnanteil für einen

Streckenkopf $\dfrac{530}{15} = 35,3$ Pf./10 Std. beträgt.

Verglichen werden sollen 3 Fälle, wobei in jedem Fall die Lieferung einer Endablieferung nach obigen Angaben

$\dfrac{320}{5} = 64$ kg/10 Std. beträgt.

Fall 1. Streckenband hergestellt aus Bandwickel und einem Strecken-durchgang (R_1).

Fall 2. Streckenband hergestellt aus Bandwickel mit zwei Strecken-durchgängen (R_2).

Fall 3. Streckenband hergestellt aus Kardenbändern mit drei Strecken-durchgängen (S_3).

Fall	64 kg/10 Std. geliefert von	Lohn hiefür in Pfg.	Strecken-lohn für 1 kg	Bandwickel Lohn für 1 kg	Gesamt in Pf./kg
1	1 Kopf	$1 \cdot 35,3 = 35,3$	0,55	0,4	0,95
2	2 Köpfen	$2 \cdot 35,3 = 70,6$	1,10	0,4	1,50
3	3 Köpfen	$3 \cdot 35,3 = 106$	1,66	. .	1,66

Nehmen wir an, daß es sich um den nach Roths Angaben außer-gewöhnlichen Fall handelt, daß 2 Streckendurchgänge verwendet werden, so beträgt der Unterschied zwischen Fall 2 und 3

0,16 Pf./kg = ungefähr 10%.

Auf eine getrennte Berücksichtigung der Ersparnis an Raum, An-lagekapital, Antriebskraft usw. wird verzichtet, weil dieses zu umständ-lich wäre, um ein klares Bild zu liefern. Ein bestimmter hundertstel Zu-schlag auf den Arbeitslohn zur Deckung der sämtlichen Unkosten, worin also auch Abschreibungen für Maschinen und Gebäude, Kraftkosten usw. mitinbegriffen sind, wird als eine in vielen Großbetrieben übliche Be-rechnungsweise auch im vorliegenden Falle am besten entsprechen.

Die errechnete Ersparnis von mindestens 10% bei Anwendung des Hochverzuges auf der Strecke bleibt bei den hundertstel Zuschlägen natürlich bestehen.

Für diejenigen Spinner, die mit den Zahlen ihrer eigenen Betriebs-unkosten eine genaue Berechnung der Ersparnisse bei Anwendung des Hochverzuges auf Strecken nach System Roth vornehmen wollen, seien die nötigen Unterlagen nach Angaben von Roth gegeben:

Fall 1.   Ein Streckendurchgang.

	bisher	Roth	Ersparnis	
Anzahl der Arbeiterinnen . .	6	3	3	= 50%
Anzahl der Maschinen . . .	6	4	. . . .	= . . . .
Bodenfläche der Maschinen .	101,37	36,25	65,12	= 65%
Anschaffungswert . . . RM.	57 600	23 200	34 400	= 60%
Anzahl Pferdestärken . . .	8,65	3,68	4,97	= 58%

Fall 2.   Zwei Streckendurchgänge.

	bisher	Roth	Ersparnis	
Anzahl der Arbeiterinnen . .	6	5	1	= 17%
Anzahl der Maschinen . . .	6	6	. . . . .	= . . . .
Bodenfläche der Maschinen .	101,37	63,50	37,87	= 37%
Anschaffungswert . . . RM.	57 600	43 200	14 000	= 25%
Anzahl Pferdestärken . . .	8,65	6,56	2,09	= 24%

IV. Teil.

Verbreitung der Hochverzugstreckwerke und Urteile aus der Praxis.

Nachdem im vorstehenden die gebräuchlichsten Streckwerke einer eingehenden Besprechung unterzogen wurden, wobei der Auswertung der Versuchsergebnisse eine Würdigung der wesentlichsten Ausführungsmerkmale in ihrer theoretischen und praktischen Bedeutung voranging, soll zur Vervollständigung des gebotenen Stoffes und Abrundung der bisher entwickelten Anschauungen ein zwar nicht streng wissenschaftliches aber doch nicht nebensächliches Kapitel in kürzester Zusammenfassung gestreift werden.

Die Berichte aus der Praxis über die Einführung und Verbreitung des Spinnens mit hohen Verzügen und die Gutachten über die damit gewonnenen Erfahrungen und erzielten Erfolge zeigen einerseits wie Theorie und Praxis häufig verschiedene Wege gehen, bilden aber andererseits eine Bestätigung der Auffassung, daß das Studium der Hochverzugsfrage eine Angelegenheit des praktischen Betriebes in allererster Linie ist und nicht nur durch Laboratoriumsversuche gelöst werden kann.

Eine Reihe von Auszügen aus Berichten und Gutachten geben einen Überblick über den Stand der Hochverzugsfrage in den bekanntesten Baumwolle verarbeitenden Ländern und zeigen manche der besprochenen Streckwerksysteme nochmal im Lichte der öffentlichen Spinnermeinung.

Besonders schnell und umfassend ist die Ausbreitung des Hochverzuges in Italien vor sich gegangen, wo schon im Jahre 1921 ungefähr 25% aller Baumwollspindeln mit hohen Verzügen arbeiteten, deren Zahl sich bis 1926 auf ungefähr 35% gesteigert hatte und heute auf rd. 66% geschätzt wird. Im Jahre 1926 betrug die Zahl der aus alten Streckwerken abgeänderten Hochverzugseinrichtungen rd. 80% sämtlicher Hochverzugsspindeln, wobei als wesentlichste Erfahrung an Millionen von Spindeln die Überzeugung gewonnen wurde, daß Umänderungen bis ins kleinste genau vorgenommen werden müssen, um schwere Mißerfolge zu vermeiden. — Wo dieser Erfahrung Rechnung getragen wurde, besteht die einstimmige Ansicht, daß Festigkeit und Gleichmäßigkeit der erzeugten Garne den von Streckwerken alten Systems erhaltenen mindestens ebenbürtig seien.

Der größten Beliebtheit erfreut sich die Ausführung nach Patent Jannink, Gilardoni, Cesoni-Lirussi, deren Einfachheit in Bau und Handhabung, besonders bei Umänderung alter Maschinen, eine Erklärung für ihre Bevorzugung gegenüber der Casablancas ist, welches in Italien bei Einführung des Hochverzuges das einzig bekannte, vom Klemmverzug abweichende war. In diesem Zusammenhang ist es auch zu verstehen, warum das Casablancas-Streckwerk in Italien keine Aufnahme gefunden hat, abgesehen von einer neuen Spinnerei in Triest, die auf Reparationskonto mit deutschen Maschinen ausgestattet wurde. — Auch „Vanni" ist außer in einem einzigen großen Werk nirgends vertreten.

Zur Anwendung der Johannsen-Riffelwalze wurde in vielen Fällen geschritten, doch bestehen über die Ergebnisse gegensätzliche Ansichten.

Über die Streckwerke von Roth-Le Blan, Toenniessen und Platt liegen keine Erfahrungen vor, doch läßt sich allgemein eine große Abneigung gegen Vierzylinder-Bauarten erkennen.

Alle anderen Ausführungen sind in Italien unbekannt. In jedem Falle zeigt sich jedoch eine Vorliebe für Einrichtungen mit Walzen im Gegensatz zu den Laufleder oder ähnlichen Bauarten, da die Ansicht stark vertreten ist, daß, abgesehen von der schwereren Handhabung, die Abfallentwicklung übermäßig groß ist. Es heißt dieser Nachteil sei allen Ausführungen mit Ledermuffen und -führungen gemeinsam und dem Vorgang der Elektrisierung zuzuschreiben, die dadurch entstehe, daß durch gleitende Reibung und Berührung mit schlechten elektrischen Leitern wie Leder statische Elektrizität auftrete womit eine Ladung und gegenseitige Abstoßung der einzelnen Fasern hervorgerufen werde.

Gleichfalls besonders eingenommen für die Dreizylinder-Bauart (Jannink) ist die Schweiz, weshalb Vierzylinder-Streckwerke dort selten anzutreffen sind. Obwohl bei letzteren der Vorteil eines sehr gleichmäßigen Verzuges gewürdigt wird, scheinen gewisse Nachteile, wie die notwendige Anordnung einer zweiten Putzwalzenreihe und die angeblichen Schwierigkeiten beim Einführen zerrissener Lunten höher bewertet zu werden, wobei auch die etwas größeren Anschaffungskosten als Hinderungsgrund für weitere Verbreitung angegeben werden. Die an Selbstspinnern unternommenen Versuche mit Hochverzugs-Einrichtungen zu arbeiten wurden bald wieder aufgegeben.

Besonders großes Interesse für Hochverzug tritt in den Spinnerkreisen der Tschechoslowakei zutage, wo ein sorgfältiges Studium der einschlägigen Fragen Platz gegriffen hat. 25% aller Spindeln laufen mit hohen Verzügen sowohl für feine als auch grobe Garne. Über die Ergebnisse herrscht größte Zufriedenheit.

Das „klassische" Land des Hochverzuges ist Spanien, wobei hier der Begriff „Hochverzug" fast gleichbedeutend ist mit dem Namen Casablancas, dessen System dort bisher keinerlei ernsthaften Wettbewerb zu fürchten hatte. Immerhin haben lange Zeit $4 \div 5$ Werke mit Rieter-

Maschinen (Jannink) gearbeitet mit gewöhnlichen Ergebnissen für amerikanische Baumwolle bei 10÷14fachem Verzug und mit recht guten Ergebnissen für langstapelige Baumwolle bei 15÷20fachem Verzug. Kein Fall der Anwendung der moderneren Anordnungen, wie Vanni, Roth-Le Blan, Toeniessen ist bekannt, so daß der Hochverzug in Spanien praktisch auf das Casablancas- und das Janninksystem beschränkt ist. Im ganzen liefen Anfang 1926 auf Hochverzug 600000 Spindeln, hievon 550000 mit Casablancas, 30÷35000 mit Jannink-Streckwerk und der Rest ungefähr 15000 auf anderen Anordnungen mit leichten Druckwalzen. 480000 Spindeln sind auf Ringspinnern, 40000 auf Spulern, 30000 auf Selbstspinnern, auf welchen das Casablancassystem wohl so ziemlich als einziges bis jetzt sich praktisch einigermaßen einführen konnte.

Beachtenswert sind die verschiedenen Gründe, die der Einführung des Hochverzugs in Spanien den Boden bereitet haben.

Da wird vor allem genannt die Möglichkeit, durch hohe Verzüge am Ringspinner die Vorbereitungsmaschinen einzusparen, die meist in schlechtem Zustand waren und deren Ersatz infolge hoher Einfuhrgebühren zu kostspielig gewesen wäre. Einen zweiten Vorteil bot die Kraftersparnis, die zur Behebung des Kraftmangels als Folge des niedrigen Wasserstandes der Flüsse in den letzten 10 Jahren sehr erstrebenswert war.

Gegen die von Jahr zu Jahr wachsende Schwierigkeit, die richtige Stapellänge bei amerikanischer Baumwolle zu erhalten, bot die Unempfindlichkeit des Casablancas-Streckwerkes bezüglich Güteschwankungen im Rohstoff geeignete Hilfe. Bei der vielfach vorgenommenen Umstellung auf indische Baumwolle zwang die Unmöglichkeit, die Walzen der alten Streckwerke zu verwenden, zu entsprechenden Neuerungen. Außerdem wird die leichtere Möglichkeit, mit Casablancasmaschinen der Moderichtung für leichte Gewebe entsprechend feinere Nummern zu spinnen, hervorgehoben. Als gebräuchliche Verzüge werden genannt

bei indischer Baumwolle . . . . 10÷18
bei amerikanischer Baumwolle . 14÷25
bei langstapeliger Baumwolle . . 20÷35

Mit den Ergebnissen ist man in Spanien allgemein sehr zufrieden, doch wird von anderer Seite die Ansicht vertreten, daß Spanien infolge geringen Wettbewerbs keine zu großen Güteansprüche an die Garne zu stellen brauche.

In England sind in der Feinspinnerei Verzüge von 10÷15 schon früher gebräuchlich gewesen. Vierzylinderstreckwerke haben größere Verbreitung und zeitigen bessere Ergebnisse, wenn auch die Ausbildung eines geeigneten Dreizylindertyps für erstrebenswert gehalten wird. — Mit Casablancas wurden gute Leistungen erzielt, doch gab die Größe der Abfallanhäufung und die Schwierigkeit, die Lederhosen reinzuhalten besonders Anlaß zu klagen. — Über die Beschaffenheit des Hochverzugsgarnes herrscht auch hier allenthalben Befriedigung und wurde die Erfahrung gemacht, daß die Güte dem gewöhnlichen Garn mindestens ebenbürtig ist.

In Holland laufen 30000 Spindeln auf Hochverzug, weitere 60000 werden umgestellt. Das Garn sei nicht sehr gleichmäßig, doch genüge es den Ansprüchen der Spinnerkunden. Gesponnen wird 32er bis 40er englisch mit 11÷15fachem Verzug auf einem englischen Streckwerk mit 4 Oberwalzen auf 3 Unterzylindern (Doppelroller-Streckwerk) unter beträchtlicher Verringerung des Vorwerkes und der Baumwollgüte. Da der betreffende Spinner 50% 28/30 mm Texas Baumwolle mit einer peruanischen Flocke mischt, die 3 Cts. per lbs (= 28½ Pf. je kg) billiger ist, kann auch die Ungleichmäßigkeit des Garnes leicht erklärt werden.

In Belgien machte der Hochverzug geringe Fortschritte. 75000 ÷ 100000 Spindeln liefen auf Hochverzug, worunter Casablancas besonders stark vertreten ist. Ein großes Werk arbeitet mit einem Doppelroller-Streckwerk, wobei die Ergebnisse ebenso wie bei Casablancas und Vanni zufriedenstellend seien. Die Vierzylinderarten werden im allgemeinen als zu teuer und verwickelt angesehen; immerhin wurde ein größerer Auftrag darin erteilt.

Jannink gilt für das einfachste System, doch ließen sich keine so hohen Verzüge wie mit den anderen Bauarten erzielen.

Im Elsaß ist Casablancas teilweise eingeführt, wobei die Ergebnisse als befriedigend gelten aber der höhere Kraftbedarf und eine dreifache Putzzeit besonders erwähnt werden. Jannink und andere Systeme seien vor allem in der Feinspinnerei vertreten. Mit dem Roth-Le Blan-Streckwerk sei große Gleichmäßigkeit im Gespinst ungeachtet verschiedenster Stapellängen zu erzielen, die Anwendung selbst auf alten Maschinen einfach und billig; auch wird als schätzenswerter Vorteil die selbsttätige Reinigung der Lederhosen genannt. — Ein größeres Werk in Nordfrankreich arbeitet erfolgreich mit Hochverzug auf den Strecken nach System Roth-Le Blan.

In Deutschland ist das Feld des Hochverzuges verhältnismäßig beschränkt geblieben, denn Anfang 1927 liefen nur 6 ÷ 8% der in Betracht kommenden Gesamtspindelzahl auf Hochverzug, wovon 75% auf die Bauarten von Casablancas, Jannink, Werning fallen und 25% auf Ausführungen nach Patenten wie Trümbach, Toeniessen, sonstige Vierzylinderstreckwerke und andere.

Das Hauptverwendungsgebiet liegt in der Erzeugung von Ringspinnergarnen aus amerikanischer Baumwolle von den Nummern 16÷42 englisch, während feinere Garne aus langstapeliger Baumwolle selten mit hohem Verzug gesponnen werden.

Über die Verwendung von Hochverzugsstreckwerken auf Selbstspinnern ist — abgesehen von wenigen mit Casablancas-Streckwerk ausgerüsteten Maschinen — nichts Wesentliches bekannt.

Die größte Verbreitung insgesamt haben ohne Zweifel die Streckwerke von Jannink, Cesoni-Lirussi, Gilardoni und das von Casablancas,
welches auf ungefähr 4½ Millionen Spindeln zur Anwendung gekommen
ist. Die Zahl der nach Jannink laufenden Gesamtspindeln ist nicht bekannt, was wohl auch darauf zurückzuführen ist, daß die notwendigen
Abänderungen vielfach von den Spinnereien selbst ohne Inanspruchnahme
einer Maschinenfabrik vorgenommen werden können. Die vielfach
herrschende Beliebtheit der Anordnungen mit leichten, selbstbelastenden
Mittelrollern ist wohl damit zu erklären, daß diese Streckwerke keine
vollkommene Klemmung bewirken und daher gegen nachlässige Einstellung der Zylinderabstände unempfindlich sind, wobei allerdings die
gesteigerte Gefahr der Grobfadenbildung übersehen wird.

Wo die Erkenntnis dieser Gefahr Platz gegriffen hat, herrscht
allerdings keine besondere Begeisterung für die Dreizylinder-Durch-
zugsstreckwerke wie z. B. eine Äußerung des technischen Leiters einer
großen amerikanischen Spinnerei und Weberei dahin geht, daß von
35 Millionen Spindeln über 30 Millionen mit Sattelbelastung, also drei
effektiven Klemmpunkten laufen und auch viele Neubestellungen hierauf
eingehen. Der Grund hierfür sei in der Ansicht zu sehen, daß bei Verwendung von Durchzugsgarnen ein Weber statt 24 Stühle nur noch 12
bis 16 bedienen könne, da infolge der unverzogenen Andreher vom Streckwerk mit unbelasteter Mittelwalze die Zahl der Fadenbrüche in der
Weberei beträchtlich größer sei.

Schlußwort.

Alle in dieser Arbeit gemachten Erfahrungen und angestellten Untersuchungen lassen sich nicht in einigen Sätzen zusammenfassen. Wenn trotzdem einige der wesentlichsten Punkte aus der großen Zahl der Beobachtungen hervorgehoben werden sollen, so geschieht dies nur um dem natürlichen Verlangen nach einem Endergebnis zu genügen.

Die vor einigen Jahren erstrebten und versuchsweise vielfach angewandten Verzugsgrößen von 20, 30, 40 und darüber sind in den heute bestehenden Großbetrieben nicht zu erreichen und werden auch wohl nirgends mehr ernstlich in Erwägung gezogen werden.

Der Drang nach der Anwendung besonders hoher Verzüge und nach großen Ersparnissen kann als Nachkriegserscheinung, hervorgerufen durch die wirtschaftlichen Schwierigkeiten, betrachtet werden. Der durch ständigen Gebrauch minderwertiger Ersatzstoffe verlorengegangene Maßstab für die Güte der Erzeugnisse konnte kurze Zeit die Verwendung zu hoch verzogener und deshalb schlechterer Garne ermöglichen. Mit der allmählichen Wiederherstellung der alten, festen Begriffe von Güte und Zweckmäßigkeit der Erzeugnisse ging Hand in Hand die Herabsetzung der übertriebenen Verzüge.

Der Umschwung der Ansichten, meist durch Mißerfolge hervorgerufen, war teilweise so groß, daß wieder zum alten Klemmstreckwerk zurückgegriffen und alles Neue über Bord geworfen wurde.

Doch hat ein großer Teil der Spinnerwelt das Gute an der neuen Richtung behalten und sich gesammelte Erfahrungen zunutze gemacht, wie im IV. Teil der Arbeit gezeigt wurde.

Die Ansicht derer, die an eine gewinnbringende Verwendung mäßiger Verzüge auf Durchzugstreckwerken glauben, wird durch die zahlreich vorgenommenen Versuche bestätigt.

Über 110000 Einzelzerreißversuche und die Feststellung der Fadenrißzahl bei über 1300 Abzügen lassen als noch geeignete Verzugsgröße $10 \div 12$ auf Walzendurchzug-Streckwerken für Garne von $Nf = 10 \div 25$ aus amerikanischer Baumwolle erkennen. Die höchsten Verzüge, die bei den Versuchen vorliegender Arbeit zur Anwendung kamen, lagen zwischen 15 und 20. Hier zeigte sich meist schon die Unmöglichkeit, die Verzüge weiter zu steigern, in der stark wachsenden Zahl der Fadenrisse.

Die Ergebnisse der Versuche der vorliegenden Arbeit berechtigen zu dem Schluß, daß bei geeigneter Zusammenstellung der Spinnpläne gute Ergebnisse mit Hochverzug zu erzielen sind.

Auch die in der Spulerei, Zettlerei, Schlichterei, Weberei[1]) und Veredlung angestellten Untersuchungen zeigen, daß die Verwendung von mit Hochverzug gesponnenem Garne innerhalb der angegebenen Grenzen keine Schwierigkeiten bereitet und den in der Spinnerei gezogenen wirtschaftlichen Nutzen nicht in Frage stellt. Aufschluß über Einzelheiten spinntechnischer und wirtschaftlicher Art ist im vorausgehenden in reichstem Maße gegeben.

Manche belangreichen Gebiete konnten in den angestellten Untersuchungen nur gestreift werden, um nicht den Rahmen einer Arbeit zu übersteigen. Doch dürften die vorliegenden Ausführungen einen wesentlichen Beitrag zur Kennzeichnung des heutigen Standes einer der wichtigsten Fragen der Baumwoll-Textilindustrie darstellen.

---

[1]) Bei der Verarbeitung beobachtet wurden in der Spulerei über 11 000 kg Garn, in der Zettlerei eine Fadenlänge von 371 600 km, in der Weberei eine Warenlänge von 114 000 m.

Quellen.

1. Vorlesungen über Textilindustrie an der Technischen Hochschule in München von Prof. H. Brüggemann.
2. H. Brüggemann, Theorie und Praxis der rationellen Spinnerei; Band II. Das Strecken der Fasermassen. A. Kröner, Leipzig 1898.
3. C. H. Schmidt, Lehrbuch der Spinnereimechanik. B. G. Teubner, Leipzig 1857.
4. Der Selbstspinner N. Schlumberger & Cie., Gebweiler/Els. Selbstverlag der Maschinenfabrik N.Schl.C.
5. Karmarsch-Heeren, Technisches Wörterbuch, 3. Auflage; A. Haase, Prag 1875 bis 1890.
6. A. Müller, Das Strecken in der Seidenabfallspinnerei, Elsässisches Textilblatt 1911—1912. Mitbegründer und Schriftleiter: Prof. H. Brüggemann. J. J. Dreyfus, Gebweiler.
7. Oger, Traité élémentaire de la filature de coton, 2ᵉ édition; revue et augmentée par B. N. Saladin; J. B. Riesler, Mulhouse 1855.
8. M. Alcan, Traité de la Filature du coton, 2ᵉ édition; J. Baudry, Paris 1875.
9. D.R.P. Nr. 360070, Fr. Cesoni und A. Lirussi, Vigevano, Italien (Italienisches Patent vom 12. 2. 1914).
10. Italienisches Patent Nr. 141446 Antonio Gilardoni, Turin; * 6. März 1914 (Abb. 2_1).
11. D.R.P. Nr. 292351, J. F. Jannink, Epe, * 30. März 1915 (Abb. 2_1).
12. Italienisches Patent Nr. 137, Vol. 435 O. Gibello Palazzo, Turin; * 20. Juni 1914 (Abb. 3_1).
13. D.R.P. Nr. 361435, Th. W. Schmid, Hof; * 28. Dez. 1916, † 1926 (Abb. 3_1).
14. Portabella y Mas, Zeitschr. Ind. Text. 1925, Nr. 473, S. 450 (Abb. 3_1).
15. A. Meyer, Etirages à Manchons, L'Avenir Textile. — Mitbegründer und Hauptschriftleiter Prof. H. Brüggemann. J. Dreyfus, Gebweiler/Elsaß (Abb. 4_1).
16. D.R.P. Nr. 404393 Vanni, Mailand; * 10. 10. 21 (Abb. 5, 6_1).
17. Spinnereimaschinenfabrik Dobson & Barlow, Bolton, England (Abb. 7_1) auch Gegenstand des D.R.P. 296882, Zus. zu 278993, und 263375 (19).
18. Ausführung Roth-Leblanc, Lille, Frankreich (Abb. 8_1) (D.R.P. 296282).
19. D.R.P. Nr. 263375, Casablancas, Sabadell/Spanien; * 15. Mai 1913 (Abb. 9_1), † 1923.
20. Elsässische Maschinenbau A.-G., Mülhausen, Elsaß.
21. Nouvelle Société de Constructions (früher N. Schlumberger & Cie.) in Gebweiler (Elsaß) (Abb. 22_1).
22. D.R.G. Nr. 137093, P. F. Ter Weele, St. Dié; * 1. 2. 1902, † 1909 (Abb. 13_1).
23. D.R.P. 25066, E. Mehl, Augsburg, * 5. April 1883, † 1884 (Abb. 14_1).
24. Maschinenfabrik Lord Brothers Ltd., Oldham/England (Abb. 14_1).
25. D.R.P. Nr. 66896, C. Kirschner, Mülhausen, Elsaß, * 31. März 1892, † 1895 (Abb. 12_1).
26. Amerikanisches Patent, 81357, Fuller, * 1868.
27. D.R.P. Nr. 282693, Richard und Hinds, * 25. Juni 1912, in Holyoke, Mass., † 1922.

28. Urteil der Nichtigkeitsabteilung des kaiserlichen Patentamtes in der Patentstreitsache der Sächsischen Maschinenfabrik vorm. Rich. Hartmann, A.-G., Chemnitz, wider den Spinnereidirektor Jan Frederik Jannink, Epe, betreffend das D.R.P. Nr. 292351.
29. Dr. F. W. Kuhn, Spinnerei und Verziehen; Deutsche Baumwollindustrie, Heft 12, Jahrgang 1919.
30. E. Kübler, Pottendorf/N.Österreich (Abb. 16_1).
31. D.R.P. Nr. 429322, E. Toenniessen, Urach; * 13. Dez. 1924 (Abb. 17_1).
32. Deutsche Spinnereimaschinenbau A.-G., Ingolstadt (Abb. 18, D.R.P. Nr. 454559 A. Deutsch, Wien; * 14. 10. 1926; Abb. 21_1).
33. Hetherington & Sons, Ltd., Manchester/Engl. (Abb. 19_1).
34. Spinnereimaschinenfabrik Saco Lowell Shops, Boston/Mass. U.S.A. (Abb. 20_1).
35. Toenniessen alt (Abb. 22_1).
36. Platt mit Toenniessen Sattel (Abb. 23_1).
37. E. Toenniessen = mündl. Mitteilung, bisher noch nicht erschienen.
38. D.R.P. Nr. 314160, F. Casablancas, Sabadell/Spanien, * 20. Okt. 1915 (Abb 10, 11_1).
39. F. Engelmann, Das Hochverzugs- oder Durchzugsstreckwerk und seine Einführung in die Baumwoll-Spinnerei. Leipz. Monatsschrift f. Textilindustrie, Heft 10/1924 und Heft 1 und 2/1925.
40. D.R.P. Nr. 415670, H. Werning, Krupp A.-G., Nordhorn, Hannover u. Essen, * 23. Nov. 1921, † 1928 (Abb. 25_1). Aus dem Werbeblatt der Spinnereimaschinenfabrik Krupp in Essen. Dieses Streckwerk wird nicht mehr ausgeführt, seit Krupp den Bau von Spinnereimaschinen für Kamm- und Baumwolle an die Deutsche Spinnereimaschinenbau A.-G. in Ingolstadt/Bayern abgetreten hat.
41. E. Toenniessen, Über die richtige Vorgarnführung im Streckfeld. Leipz. Monatsschrift f. Textilind. Heft 7/1926.
42. D.R.P. Nr. 423583, H. Brüggemann, München, und A. Rammensee, Hof. * 5. Dez. 1925, † 1926.
43. D.R.P. Nr. 104408, A.G. Krusche, Wiedzew b. Lodz, vom 20. Sept. 1898, † 1899.
44. Prof. H. Brüggemann, Das Jannink-Streckwerk, unveröffentlichte Ermittlungen des Einflusses des Hochverzugs auf die Güte des Garnes, die Anlagekosten der Spinnerei und der günstigsten Einzelheiten eines Dreizylinder-Durchzugs-Streckwerkes. Januar 1917.
45. D.R.P. Nr. 452382, Kluftinger, Kottern; * 4. Aug. 1926.
46. D.R.P. Nr. 372823, Prof. O. Johannsen, Reutlingen; * 5. Aug. 22.
47. D.R.P. Nr. 305017, Gebr. Mühlen & Cie., Mülfort, Hersteller: Rheydter Maschinen- und Spindelfabrik; * 21. Juli 1916.
48. Ausführung Weco-Elastic-Roller, Maschinenfabrik Weinbrenner & Co., Thann i. Elsaß (Abb. 28_1).
49. Maschinenfabrik Platt Bros., Ltd. Oldham, England (Abb. 29_1).
50. D.R.P. Nr. 303860, Prof. O. Reinhard, Reichenberg i. B.; * 8. Sept. 1917, † 1925.
51. D.R.P. Nr. 195271, J. Perrin, Paris; * 4. Sept. 1904, † 1912.
52. D.R.P. Nr. 324255, Alfred Wey, Schwarzenbach/Saale; * 29. Juli 1917, † 1925.
53. D.R.P. Nr. 195273, A. J. Deru, Verviers, Belgien; * 26. Febr. 1907, † 1913.
54. F. Engelmann, Leipziger Monatsschrift für Textilindustrie, 1925, S. 52.
55. Baumwollspinnerei-Maschinenfabrik J. J. Rieter, Winterthur i. Schweiz (Abb. 2_1).
56. D.RP. Nr. 336545, Asch Solveen, Chemnitz (Abb. 26_1); * 20. 10. 1918, † 1923.
57. D.R.P. Nr. 352764, F. Casablancas, Sabadell/Spanien, * 27. März 1921.
58. D. Santiago Trias: Das Casablancas-Großverzugs-Streckwerk für Baumwollspinnerei; Bericht für den Wiener Baumwollkongreß. Leipz. Monatsschrift für Textilindustrie 1925, Heft 7.
59. J. Clegg, „Wichtige Neuerungen im Bau von Hochverzugsstreckwerken", Leipziger Monatsschrift für Textilindustrie, Heft 3/1928.

60. The Textil Manufacturer, Januar 1928. Der Textilmarkt, Pößneck, Heft 12/1928.
61. Werbeblatt für das Streckwerk Abb. 16 des Ing. Rud. Kalfus, Oberleutensdorf, Tschechoslowakei.
62. D.R.P. Nr. 464446, Roth-Le Blanc, Lille; * 17. April 1926.
63. C. Sig, „Du cardage et de son influence sur de peignage": Bulletin de l'asso-ciation libre des anciens élèves de l'école de filature et de tissage, Mulhouse; auch in der deutschen Ausgabe: Zeitschrift der Vereinigung ehemaliger Schüler der Spinn- und Webschule Mülhausen/E., 1. Febr. 1898, gegründet und geleitet von H. Brüggemann, ehemals in Mülhausen/Elsaß.
64. Dr. C. Gégauff, Festigkeit und Elastizität der Baumwollgespinste; Elsässisches Textilblatt 1909. Verlag J. Dreyfus, Gebweiler/Elsaß.
65. Melliand, Textilberichte 1926, S. 434, 517, 759, 843, 1016. „Gleichmäßig-keit, Ungleichmäßigkeit, Abweichung" von Hugo Schlömer jr.
66. Dr.-Ing. E. Döttinger, Untersuchungen über die Abhängigkeit der Festig-keit der Gespinstkörper von den gespinstbildenden Arbeitsmitteln und der Fasersubstanz. Mitteilungen des Deutschen Forschungsinstituts für Textil-industrie, Reutlingen-Stuttgart, Juli 1927.
67. High drafts in spinning, reports by the sub-committees of the various countries; International Cotton Bulletin 1927, S. 259, 269.
68. A. S. Pearse, Report on the investigation of the continental cotton mills, S. 19, 57, 120, 195.

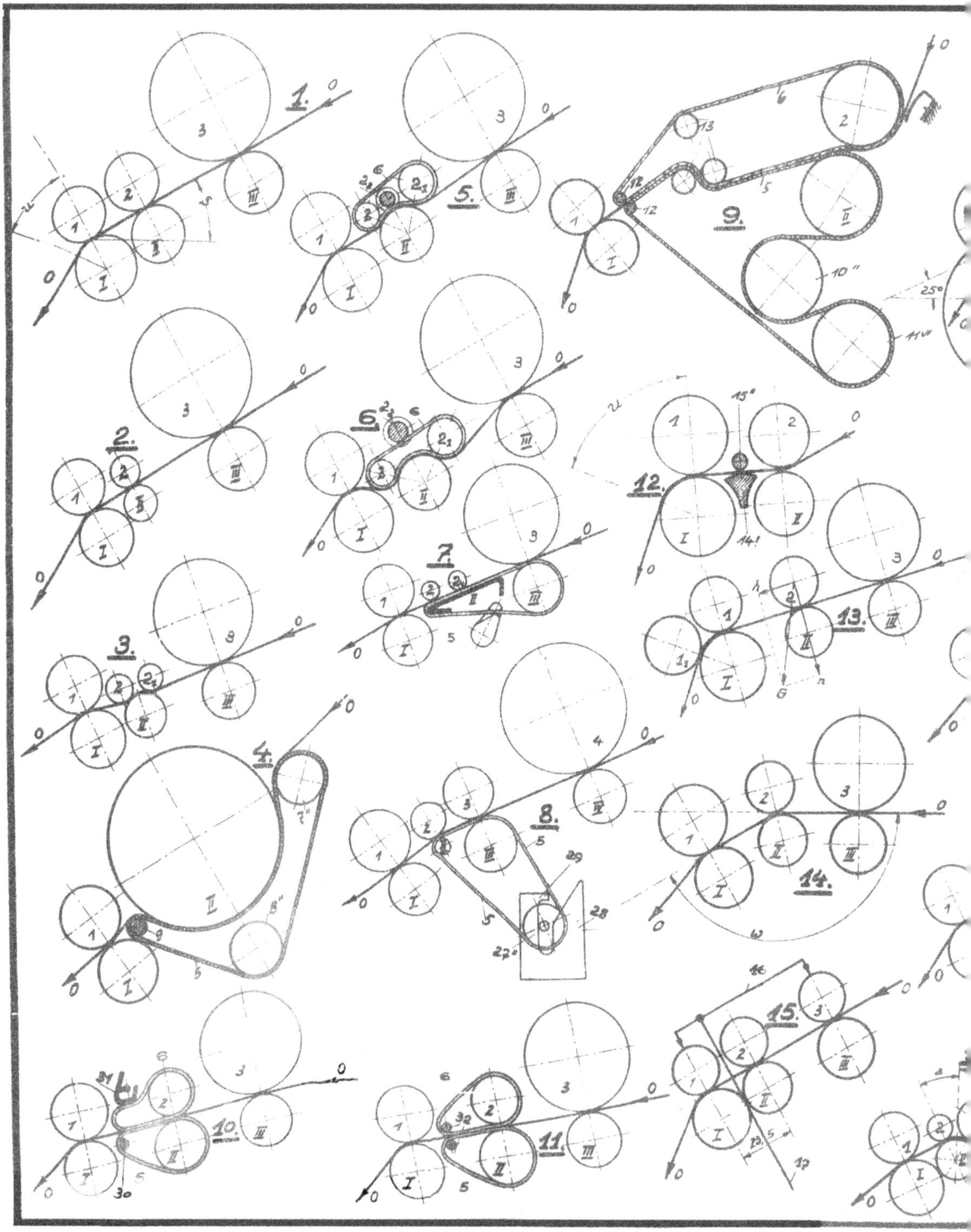
1.
2.
3.
4.
5.
6.
7.
8.
9.
12.
13.
14.
15.
10.
11.

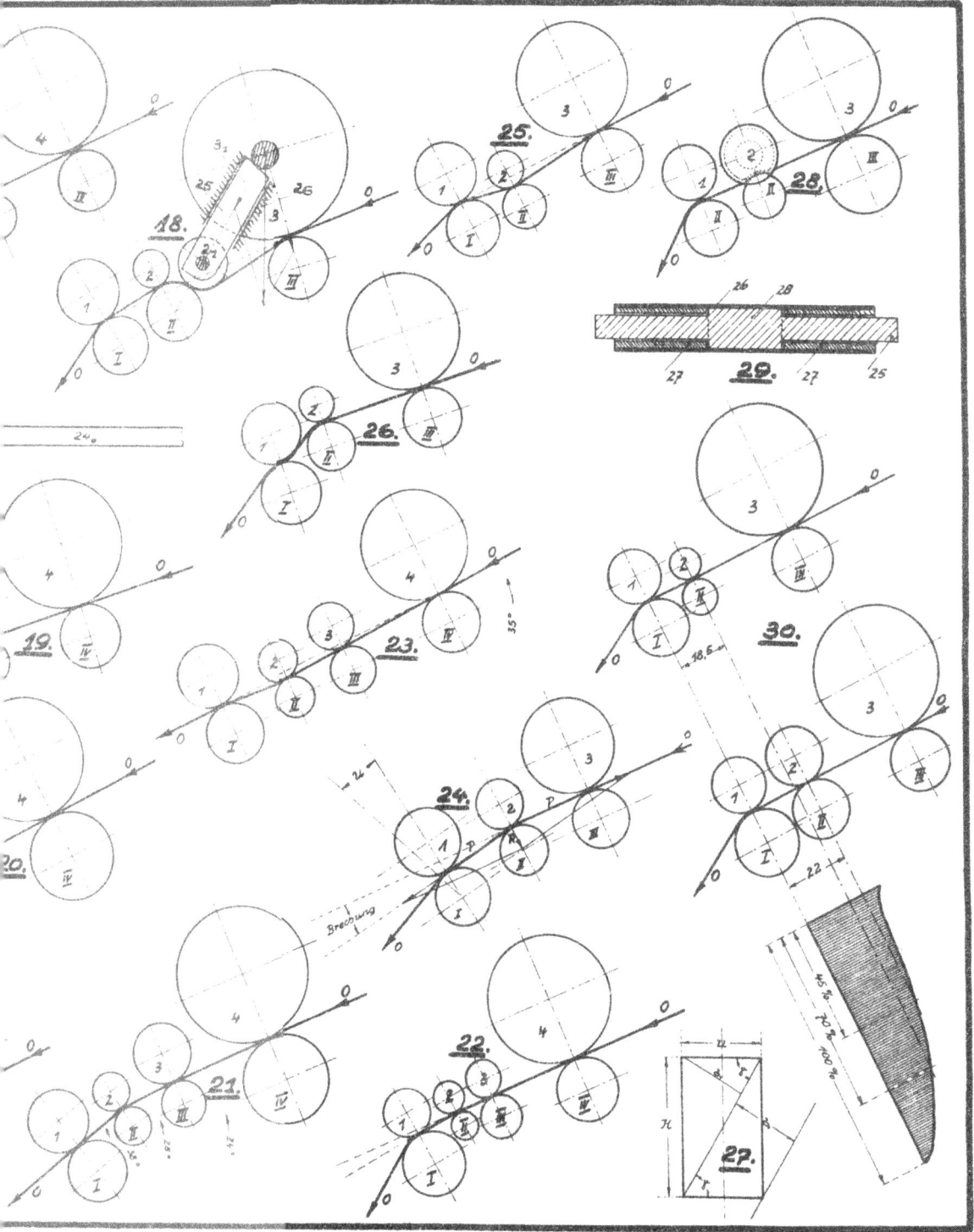

Verlag von R. Oldenbourg, München und Berlin

			Grobspuler					Mittelspuler				
			Flügeldrehzahlen für I = 510; 1 = 600;					Flügeldrehzahlen für I = 820; 1 = 766;				
ON	HK	SP	b	t cm	m'	v	N_s	b	t cm	m'	v	N_s
1	I	1	0,37	0,32	16,09	4,15	0,75	0,44	0,59	13,9	4,8	1,0
2	//	2	//	//	//	//	//	//	//	//	//	//
3	//	3	//	//	//	//	//	//	//	//	//	//
4	//	4	//	//	//	//	//	//	//	//	//	//
5	//	3	//	//	//	//	//	//	//	//	//	//
6	//	5	//	//	//	//	//	//	//	//	//	//
7	1	6	0,43	0,35	17,34	4,65	0,65	0,46	0,57	13,44	4,62	1,8
8	//	7	//	//	//	//	//	//	//	//	//	//
9	//	//	//	//	//	//	//	//	//	//	//	//
10	//	//	//	//	//	//	//	//	//	//	//	//
11	//	//	//	//	//	//	//	//	//	//	//	//
12	12	8	//	//	//	//	//	//	//	//	//	//
13	1	9	//	0,36	16,67	5	0,7	—	—	—	—	—
14	//	//	//	//	//	//	//	—	—	—	—	—
15	//	10	//	//	//	//	//	//	//	//	4,29	//
16	//	11	//	//	//	//	//	—	—	—	—	—
17	//	//	//	//	//	//	//	—	—	—	—	—

Lindenmeyer, Baumwollverarbeitung

...inspuler			Ringspinner						
rehzahlen für 128 1 = 1216,									
m'	V	N+s	V	n_s	N_i	z	t cm	m'	N+s
11,28	5	4,5							
eirtspuler									
6,48	4,89	11	7,64/2	7800	12/0	1,75	11,09	7,03	42 z
10,07	6,11	5,5	15,27/2	8500	16/0	"	"	7,67	"
11,28	5	4,5	18,67/2	"	15/0	"	"		"
11,36	5,56	5	6	8160	7/0	1,50	8,16	9,56	30 z
11,28	5	4,5	6,67	7800	"	'	'	10,34	"
10,07	3,89	3,5	17,14/2	8500	10/0	'	"	"	"
10,05	6,67	5	5	8160	5/0	1,79	8,45	9,12	25 z
"	6	4,5	5,56	"	"	1,84	9,19	8,88	"
10,65	"	"	"	"	"	"	"	"	"
"	"	"	"	8500	8/0	1,89	9,45	9,00	"
10,65	"	"	"	"	"	"	"	"	"
11,06	5,53	4,15	6,03	8160	5/0	1,84	9,19	8,88	'
10,67	5,57	4,1	6,25	8500	8/0	"	"	9,25	"
"	"	"	12,5/2	"	"	'	"	"	"
11,92	4,27	3,2	15,62/2	"	'	"	"	"	"
18,15	5,71	2	12,5	"	"	"	"	"	'
"	"	"	"	8786	6/0	"	"	"	"

Verlag von R. Oldenbourg, München und Berlin

ON	He	SP	Grobspuler					Mittelspuler				
			b	t cm	m'	V	N/s	b	t cm	m'	V	N
			Flügeldrehzahlen f. 1,2,3: 640					Flügeldrehzahlen f. 1,2,8: 690				
18	2	12	0,36	0,24	26,67	4,15	0,45	0,45	0,47	14,68	4,89	1,
19	"	13	"	"	"	"	"	"	0,51	13,46	5,78	1,
20	1	14	0,35	0,24	26,98	"	"	0,43	0,45	15,23	4,89	1,
21	"	15	"	"	"	"	"	"	0,49	13,99	5,78	1,
22	"	16	"	"	"	"	"	"	0,44	15,58	4,67	1,0
23	"	17	"	0,21	28,96	"	0,35	0,40	0,37	18,45	4,20	0,
24	"	18	0,40	0,35	18,47	5	0,75	—	—	—	—	—
25	"	19	0,50	0,44	14,69	"	"	—	—	—	—	—
26	"	20	0,35	0,24	26,98	4,15	0,45	0,43	0,41	16,84	4	0,
27	"	21	"	"	"	"	"					
28	3	22	0,43	0,30	21,15	4,6	0,5	0,81	0,89	7,76	4,8	1,
29	"	"	"	"	"	"	"	"	"	"	"	
30	"	23	"	0,29	22,07	4,15	0,45	"	0,77	8,96	4	0,
31	"	24	"	"	"	"	"	"	0,85	8,10	4,89	
32	"	25	"	"	"	"	"	"	0,77	8,96	4	0,
33	"	26	"	"	"	"	"	"	0,75	9,22	3,78	0,8
34	1	27	0,35	0,28	22,86	4,65	0,65	0,43	0,53	13,02	4,63	1,
35	"	28	"	0,21	30,48	3,20	0,35	"	0,45	15,23	3,14	
36	"	29	"	0,24	26,67	4,15	0,45	"	"	"	4,89	1,
37	"	30	"	"	"	"	"	"	"	"	4,76	
38	1	31	"	"	"	"	"	"	"	"	4,89	1,
39	"	"	"	"	"	4	"	"	"	"	"	
40	"	32	"	"	"	"	"	—	—	—	—	

	Feinspuler				*Ringspinner*					
Drehzahlen f. 1,2,3.										
n	m'	V	N_{fs}	V	n_s	N_L	z	$t\,cm$	m'	N_{fs}
7	9,30	4,91	2,7	6,3	8160	2/0	1,67	6,89	11,84	17 z
—	—	—	—	13,08	8786	"	1,63	6,70	13,13	"
8	10,54	3,64	2	6	6782	4/0	1,52	5,27	14,03	12 z
—	—	—	—	9,23	7400	"	1,64	5,67	13,04	"
—	—	—	—	11,43	"	"	"	"	"	0
—	—	—	—	16	"	"	"	"	"	"
—	—	—	—	"	"	"	1,48	5,14	14,40	"
—	—	—	—	"	"	"	"	"	"	"
—	"	4,45	"	12/2	"	"	1,64	5,67	13,04	"
8	11,91	4	1,8/1	13,34/2	"	"	1,52	5,27	14,03	"
3	4,42	3,67	2,2	4,55	7470	6/0	1,79	5,66	13,19	10 z
	"	"	"	"	8530	"	1	"	"	"
3	4,15	4,45	2	5	7400	3/0	"	"	13,06	"
	—	—	—	9,09	"	5/0	"	"	"	"
	—	—	—	11,11	"	"	"	"	"	"
	—	—	—	11,76	"	"	1	"	"	"
2	7,06	6	4,5	5,56	8873	6/0	1,42	7,10	12,50	2/5 s
28	7,35	3,09	3,4/1	7,35	"	"	"	"	"	"
4	8,61	5,45	3	8,33	"	"	"	"	"	"
6	9,50	4,4	2,2	10	9280	"	"	"	13,07	"
5	9,68	4,36	2,4	10,42	8873	"	"	"	12,50	"
	"	"	"	"	7760	"	1,44	7,20	10,78	"
2	10,00	5,11	2,3/1	10,87	8873	"	1,42	7,10	12,50	"

Verlag von R. Oldenbourg, München und Berlin

| | | | Großspuler | | | | | Mittelspuler | | | | |
| | | | Flügeldrehzahlen f. 1,2,3:
640 | | | | | Flügeldrehzahlen f. 1,2,
690 | | | | |
AN	TK	SP	z	t cm	m'	V	N/s	z	t cm	m'	V	N/s
41	1	32	0,35	0,24	26,67	4,15	0,45	—	—	—	—	—
42	"	33	"	0,33	19,28	5	0,9	—	—	—	—	—
43	"	"	"	"	"	"	"	—	—	—	—	—
44	"	34	"	0,23	28,22	4,15	0,4?	0,43	0,43	16,05	4,76	1
45	"	"	"	"	"	"	"	"	"	"	"	"
46	"	"	"	"	"	"	"	"	"	"	"	"
47	"	"	"	"	"	"	"	"	"	"	"	"
48	"	"	"	"	"	"	"	"	"	"	"	"
49	"	35	"	0,24	26,98	"	0,45	"	0,41	16,84	4	0,9
50	"	36	"	"	"	"	"	"	0,58	11,91	"	1,8
51	"	"	"	"	"	"	"	"	"	"	"	"
52	"	37	"	0,27	23,55	5	0,60	—	—	—	—	—
53	"	38	"	0,24	26,98	4,15	0,45	"	0,41	16,84	4	0,9
54	"	39	"	0,29	21,86	5	0,7	—	—	:	—	—
55	"	40	"	0,21	30,48	3,2	0,35	"	0,45	15,23	3,14	1,1
56	"	41	"	0,24	26,98	4,15	0,45	"	"	"	4,89	1,
57	"	42	"	0,27	23,55	5	0,6	—	—	—	—	—
58	"	43	"	0,24	26,98	4,15	0,45	"	0,58	11,91	4	1,8
59	"	"	"	"	"	"	"	"	"	"	"	"
60	"	"	"	"	"	"	"	"	"	"	"	"
61	"	"	"	"	"	"	"	"	"	"	"	"

	Ringspuler Drehzahlen f. 1,2,3: 726			Ringspinner						
	m'	V	N_fs	V	n_w	N_t	b	E cm	m'	N_fs
	10,00	5,11	2,31/	10,87	7760	6/0	1,55	7,75	10,01	25 S
	"	"	2,3	"	8873	"	1,42	7,10	12,50	"
	"	"	"	"	7760	"	1,55	7,75	10,01	"
	10,14	4 4	2,2	11,36	7620	"	1,42	7,10	10,73	"
	"	"	"	"	8600	"	"	"	12,11	"
	"	"	"	"	8786	"	"	"	12,38	"
	"	"	"	"	8873	"	"	"	12,50	"
	"	"	"	"	8990	"	"	"	12,66	"
	11,11	4	1,8	13,89	8873	"	"	"	12,50	"
	—	—	—	"	"	5/0	"	"	"	"
	—	—	—	"	7760	6/0	1,55	7,75	10,01	"
	12,17	5	1,5	16,67	8873	"	1,42	7,10	12,50	"
	7,5	4,45	2	12,5/2	"	"	"	"	"	"
	6,79	4	4	"	"	"	"	"	"	"
	"	5,71	4/1	"	"	"	"	"	"	"
	7,35	3,09	3,4/1	14,7/2	"	"	"	"	"	"
	8,60	5,45	3	16,67/2	"	"	"	"	"	"
	"	5	3/1	"	"	"	"	"	"	"
	—	—	—	12,22	"	5/0	1,52	7,23	12,27	22 S
	—	—	—	"	7760	6/0	"	"	"	"
	—	—	—	9,44	8873	1/0	1,65	6,80	11,41	17 S
	—	—	—	"	7760	"	1,62	6,72	13,20	"

Verlag von R. Oldenbourg, München und Berlin

OV	Mi	S.P.	B	U/f	Skw	F%	W °C	g W/kgL	Nfs	Nfi	N.S./Nfi	p	m	Fadenrisse je Kötzer	Km	Km Piss
1	I	1		7,64/2	KS,EB	59,8	23	10,65	42z	42,4	10,5	38,68	2279	0,338	0,099	10,07
2	"	2		15,29/2	D3 60	58	25	11,7	"	41,1	12	40,89	3435	0,687	0,202	5
3	"	"		"	D4 50	"	"	"	"	42,4	13,3	40,49	3401	0,813	0,239	4,18
4	"	"		15,28/2	D4 50	"	27	13	"	"	"	40,53	3405	"	0,361	2,76
5	"	"		"	D4 60	59	"	13,3	"	42,3	10,6	"	"	0,805	0,365	2,74
6	"	"		"	D4 76	"	"	"	"	42,5	14,1	"	"	0,852	0,345	2,90
7	"	3		18,67/2	D3 60	61	24	11,45	"	41,8	8,7	40,71	3420	1,094	0,321	2,11
8	"	"		"	D4 50	"	"	"	"	41	11,1	38,75	3255	1,047	0,307	3,25
9	"	4		6/1	KS,EB	74	20	10,9	30z	30,15	9,7	39	2340	0,25	0,108	9,30
10	"	3		6,67/1	"	59,5	23	10,5	"	30,4	10,6	39,7	2382	0,15	0,063	15,8
11	"	5		17,14/2	D3 60	60	24	11,3	"	29,6	10,4	39,64	2378	0,39	0,164	6,1
12	"	"		"	D4 50	59,5	"	11,25	"	30,7	7,4	39,67	2380	0,5	0,21	4,7
13	1	6	EB	5/1	KS,EB	64	"	12	25z	24,5	16,4	28,23	14.12	0,1015	0,072	13,9
14	"	7	SB	5,56/1	"	62	"	11,7	"	"	15	28,60	1430	0,0815	0,057	17,54
15	"	"	w.EB	"	"	63	19	8,75	"	26,6	15,9	41,86	2093	0,09	0,043	23,25
16	"	"	w.V	"	D3 60	54	25	10,8	"	24,2	12,4	41,83	2092	0,343	0,164	6,09
17	"	"	f-0,543	"	D4 50	"	"	"	"	24,4	4,1	41,79	2090	0,328	0,157	6,37
18	"	"	"	"	T 40	"	"	"	"	24,3	14,4	41,89	2095	0,266	0,127	7,87
19	"	"	"	"	T 60	"	"	"	"	23,9	12,6	41,74	2087	0,313	0,150	6,60
20	"	"	Vf-0,573 R2	"	D3 60	56,5	28	13,6	"	24,2	13,5	"	"	0,347	0,166	6,01
21	"	1	"	"	D4 50	"	"	"	"	24,4	15,4	"	"	0,313	0,15	6,66
22	"	"	"	"	T 40	"	"	"	"	"	12,3	41,75	2088	0,309	0,148	6,75
23	"	"	"	"	T 60	"	"	"	"	24,2	12,4	41,72	2086	0,436	0,209	4,78

Ergebnisse:

lm g	M in g	E in %	DxE in mg	R in Km	U in %	U_0 in %	G	Umspulerei:						
								F in %	W °C	gW/KgL	Garn in Kg	Fadenrisse je Kg		Km je Riss
5,33	113,89	7,34	592,76	11,473	30,3	9,81	0,697							
+5,12	113,22	7,31	700,12	13,645	"	12,57	"							
+0,83	110,04	7,34	704,95	"	32,3	12,78	0,677							
"	"	"	"	13,644	"	12,37	"							
9,08	108,77	7,23	658,61	13,079	30,1	10,04	0,699							
7,73	111,31	7,45	747,33	14,067	33,5	10,67	0,665							
7,24	105,69	7,08	626,93	12,907	31,2	11,14	0,688							
5,69	103,57	7	603,68	12,678	31,4	12,25	0,686							
6,83	123,11	7,87	898,13	11,065	33,2	2,936	0,668							
03,17	155,04	7,74	1031,76	13,060	28,8	5,41	0,712							
06,02	176,61	"	1047,11	13,253	26,1	9,06	0,799							
03,85	165,78	7,61	1001,52	13,035	23,7	5,07	0,763							
95	145	7,77	1030,32	10,800	32,9	7,37	0,671	55	24,7	10,8	1107	1,84	0,037	27,03
02,79	151,50	7,41	938,71	11,643	28,8	11,24	0,712	59	27	13,3	490	2,01	0,04	24,88
01,09	142,58	7,79	1020,32	10,651	33,1	7,55	0,669							
09,35	162,62	7,84	1083,19	11,100	27,3	11,29	0,727	64	25	12,8	19	2,37	0,047	21,12
08,91	144,45	7,88	1082,14	10,088	34,9	14,64	0,651	62	26	13,1	21	1,95	0,023	25,65
01,20	173,02	7,86	1061,96	10,926	20,8	11,80	0,792	"	"	"	24,5	1,06	0,024	47,17
04,20	170,17	7,78	1063,84	11,128	23,5	14,48	0,765	64	24	12	25,5	0,82	0,016	60,98
05,60	159,72	7,84	1081,79	11,176	28,5	13,18	0,715	"	"	"	2,1	1,05	0,021	47,62
03,11	141,52	7,83	1058,30	10,956	35,4	11,79	0,646	55	24,7	10,8	"	1	0,020	50
03,50	169,13	"	1079,65	11,177	24,3	13,37	0,757	62	26	13,1	23,5	2,26	0,045	22,12
08,89	173,27	7,81	1087,20	11,302	23,3	12,74	0,767	55	24,7	10,8	25,5	2,12	0,042	23,59

Verlag von R. Oldenbourg, München und Berlin

lfd.N	Ni	SD	B	V/l	Stw	F%	W°C	Wg/kgL	N/s	N/i	NS in %d N/i	p	m	Fadenrisse je Kötzer	Km je km Riss		D in g	Um in g	M in g	E in %	DxE in mg
24	1	8		6,03/1	KS, E.B	74	20	10,90	2,5 z	25,45	14,85	—	—	—	—	—	2,15	198,10	161,35	4,73	1016,95
25	2	,		"	"	68	24	12,90	"	24,40	17,80	—	—	—	—	—	185,04	165,24	122,98	4,34	809,41
26	1	9		6,25/1	D3 60	62	26	13,10	"	24,90	16,90	41,50	2075	1,40	0,68	1,48	223,80	209,96	102,59	5,78	1293,56
27	"	,		"	D4 76	"	"	"	"	25,60	16	,	"	0,94	0,45	2,21	226,92	219,44	142,34	6,04	1370,60
28	"	,		"	T 40	"	"	,	,	24	13,10	41,38	2069	1,93	0,93	1,07	242,88	235,68	135,36	6,24	1515,57
29	"	"		"	T 60	"	"	,	,	26,10	14,30	41,55	2078	1,40	0,67	1,48	240,85	239,08	134,68	6,26	1507,72
30	"	,	SK	12,5/2	D3 60	60	24	11,35	"	25,80	10,30	41,90	2095	0,53	0,25	3,95	220,59	193,55	126,94	5,47	1206,63
31	"	,	,	"	D4 76	"	"	12,20	"	26,60	12,20	"	"	0,47	0,23	4,27	222,00	188,11	115,98	5,69	1215,72
32	"	,	,	"	T 40	,	"	,	"	25,65	10,90	"	2055	0,38	0,19	5,41	228,08	201,40	137,48	5,75	1311,46
33	"	,	,	"	T 60	,	"	,	,	25,70	10,10	"	"	0,35	0,17	5,88	228,42	201,80	141,86	5,76	1315,70
34	"	,	LK	"	D3 60	,	"	,	,	25,40	12,40	41,50	2075	0,47	0,23	4,42	224,54	197,10	138,18	5,59	1256,18
35	"	,	,	"	D4 76	"	"	,	,	25,30	14,20	41,60	2080	0,52	0,25	4	225,68	192,28	137,63	5,97	1347,31
36	"	,	,	,	T 40	,	"	,	"	25,50	13,90	41,50	2075	0,62	0,30	3,35	235,64	204	145,86	6,02	1424,59
37	"	,	,	,	T 60	,	"	,	,	24,90	12,60	,	,	0,55	0,27	3,77	232,18	207,48	140,30	5,93	1410,45
38	"	10		15,62/2	D4 76	61	25	12,15	"	25,40	12,30	40	2000	0,41	0,20	5,01	212,80	197,10	165,60	4,37	929,94
39	2	"		"	"	62	26	12,90	"	25,80	20,20	41,16	2058	0,42	0,20	4,90	212,90	190,20	155,60	4,40	936,96
40	1	11	LK	12,5/1	D3 60	51	22	12,20	"	25,10	10,80	41,50	2075	0,41	0,20	5,06	214,75	187,75	120,48	5,82	1249,84
41	"	,	,	"	D4 76	"	,	"	"	25,20	14,70	"	,	0,37	0,18	5,61	214,60	187,08	124,99	6,05	1298,33
42	"	"	,	"	T 40	,	,	,	,	25	13,70	,	,	0,44	0,21	4,72	221,40	195,2	126	6	1323,40
43	"	,	,	,	T 60	,	,	,	,	24,60	18,20	41,56	2078	0,34	0,19	5,33	218,15	189,42	122,02	5,90	1287,09
44	"	,	SK	,	D3 60	61	25	12,15	"	26,50	13,75	41,50	2095	0,64	0,31	3,24	215,18	189,21	129,32	5,19	1116,78
45	,	,	,	,	D4 76	"	,	,	,	26,50	16,15	,	,	0,56	0,27	3,71	218,99	192,23	120,84	5,51	1206,63
46	"	,	,	,	T 40	,	,	,	,	26,05	12,10	,	,	0,68	0,33	3,05	223,51	195,17	121,91	5,42	1211,42
47	"	,	,	,	T 60	,	,	,	,	26,10	8,95	,	"	0,42	0,20	4,94	227,07	200,66	130,50	6,32	1208,01
48	1		S3	,	D3 60	60	24	11,3	,	25,4	14,7	41,45	2073	0,63	0,304	3,29	221,49	199,14	152,40	4,88	1080,27
49	1		"	"	D4 76	,	,	,	,	24,8	14	41,46	,	0,62	0,299	3,344	222,22	198,40	151,76	,	1085,43

G	ON	F in %	W °C	Umspulerei gW/kgL	Garn in Kg	Fadenrisse je Kg	je km	km je Riss	F in %	W °C	gW/kgL	Garn in Kg	Fadenrisse je Kg	je km	km je Riss	F %	W °C	gW/kgL	nu	GK	Sch %	GL in m	Riss je km	km je Riss
0,750	24	—	—	—	—	—	—	—	58	25	11,70	1302	0,18	0,0036	277,8	57	24	16,8	180	88×18/18	6,0	786	0,142	7,05
0,665	25	—	—	—	—	—	—	—	65	24	12,25	2,74	0,16	0,003	304,9	"	21	8,0	"	88×22/22	5,5	2500	0,124	5,80
0,458	26	7,1	23	12,60	43	3,77	0,08	13,17																
0,627	27	"	"	"	45	2,80	0,06	17,86																
0,557	28	"	"	"	92,5	5,16	0,10	9,69																
0,554	29																							
0,573	30	7,1	24	13,30	29	4,55	0,09	10,94	63	26	13,40	270	0,15	0,003	329	58	25	11,7	"	88×18/20	4	6830	0,196	5,1
0,532	31	63	14	8,75	26	3,65	0,07	13,70	"	"	"	452	0,10	0,002	480,77									
0,613	32															53	"	10,65	"	88×22/22	5,5	2950	0,127	7,9
0,621	33	62	26	13,10	55	4,87	0,09	10,40																
0,625	34	71	25	14,15	24	6,04	0,12	8,33																
0,611	35	63	23	11,20	25	4,08	0,08	12,20																
0,616	36	7,1	26	15,10	58	6,41	0,13	7,83																
0,604	37																							
0,778	38	62	26	13,10	42,5	1,20	0,02	41,67																
0,731	34																							
0,561	40	7,1	23	12,60	26	3,54	0,07	14,09								56	24	10,6	"	88×18/20	5	5500	0,182	5,5
0,582	41	63	24	11,90	30	4,40	0,10	10,20								58	25	11,7	"	88×20/20	3,5	3100	0,139	7,2
0,569	42	7,1	23	12,60	46	2,74	0,12	8,33								55	24	10,4	"	88×22/22	5,5	17800	0,247	4,05
0,559	43															59	23	10,45	"	"	6	5900	0,256	3,91
0,601	44	65	25	13	27	6,34	0,13	7,90	62	26	13,10	768	0,14	0,0028	356,62									
0,552	45	63	"	12,65	"	5,41	0,11	9,26	59	24	11,15	732	0,22	0,0045	223,22									
0,545	46								64	"	12	662	0,15	0,003	338									
0,575	47	65	26	13,75	55,5	7,06	0,14	7,09	63	26	13,40	424	0,16	0,0016	316,46									
0,681	48	60	24	11,3	54	3,50	0,070	14,29	55	24,7	10,8	460	0,089	0,0018	561,8									
0,683	49	"	"	"	90?	3,60	0,062	16,67	"	"	"	"	"	"	"									

Verlag von R. Oldenbourg, München und Berlin

ON	Mi	Sp	B	V/f	St N	F%	W °C	g% / g L	N/i	N/i	NS in %d. N/i	p	m	Fadenrisse je Kötzer	Km je Km	D in g Rlss	Um in g
50	1	11	S 3	12,5/1	T 40	60	24	11,3	25 Z	25,5	13,2	41,56	2078	0,64	0,308	3,247	221,34	198,90
51	"	"		"	T 60	"	"	"	"	"	12,9		"	0,43	0,207	4,831	222,36	199,92
52	"	9		12,5/2	D₃ 60	50	22	8,3	"	25	16,8	41,50	2075	0,66	0,318	3,144	223	206
53	"	"		"	D₄ 76	"	"	"	"	25,5	16,7	"	"	0,82	0,395	2,532	224,4	208,1
54	"	"		"	T 40	52	"	8,65	"	25,2	"	"	"	0,67	0,323	3,096	230,83	213,70
55	"	"		"	T 60	"	"	"	"	25	18,6	41,67	2084	0,25	0,120	8,334	229	212
56	"	11	R	12,5/1	R 72	33	26	7	"	25,6	13,7	52,1	2605	0,21	0,161	6,20	212,12	189,95
57	"	"	"	"	T 50	58	27	13	"	24,9	19,3	41,80	2090	0,41	0,196	5,102	211,94	192,83
58	"	"	"	"	T 70	63	26	13,4	"	24,4	17,1	41,78	2089	0,539	0,258	3,876	211,30	192,17
59	"	7	R1	5,56/1	D₃ 60	51,7	23	9,1	"	24	11,1	41,16	2093	0,406	0,914	5,155	213,98	197,86
60	"	"	"	"	D₄ 50	56	24	10,6	"	24,6	13,8	39,72	1986	0,469	0,2248	8,865	215,59	197,69
61	"	"	"	"	T 40	56,3	26	12	"	25,5	12,4	41,94	2097	0,318	0,152	6,579	219,20	200,43
62	"	"	"	"	T 60	"	27	12,7	"	24,7	12,8	41,59	2080	0,367	0,176	5,682	214,79	199,38
63	"	"	R1,4·0,543	"	KS, EB	64	25	12,8	"	24,4	15,9	28,19	1410	0,107	0,076	13,175	212,57	192,27
64	"	11	R1	12,5/1	R 72	36	22	5,9	"	24,7	14,85	25,6	1280	0,16	0,146	8	214,35	196,17
65	"	"	"	"	T 60	62	26	13,1	"	25,6	20	41,74	2086	0,48	0,23	4,348	221,80	202,04
66	"	"	"	"	D₃ 60	62,4	"	13,15	"	25,3	17,3	"	"	"	"	4,367	214,85	195,42
67	"	"	"	"	T 40	58	22	9,65	"	25,2	16,4	41,72	"	0,292	0,14	7,143	212,18	198,37
68	"	6	R2	5/1	KS, EB	41	26	8,7	"	24,6	19,5	"	"	0,107	0,051	14,493	213,43	195,32
69	"	7	R2,4·0,573	5,56/1	"	66	22	11	"	24,65	13,6	41,74	2087	0,0063	0,046	21,74	218,40	201,14
70	"	"	R2,4·0,543	"	"	63	19	8,75	"	24,75	17,1	41,80	2090	0,095	0,046	21,978	215,92	198,99
71	"	"	R2	"	"	66	22,5	11,36	"	24,6	"	41,80	"	0,096	"	21,74	216,97	197,1
72	"	9	"	12,5/2	T 60	61	25	12,15	"	24,2	19,8	41,5	2075	0,266	0,128	7,8	212,09	193,44
73	3	11	"	12,5/1	"	59	23	10,45	"	23,5	12,8	"	"	0,367	7,177	5,65	213,38	198,72
74	1	"	"	"	T 40	58	22	9,65	"	25,1	17,3	41,95	2088	0,345	0,165	6,05	219,17	199,29
75	"	"	"	"	"	59	23	10,45	"	25	17,3	"	"	"	"	21,74	201,69

D×E in mg	R in km	U in %	U₀ in %	G	Umsp. F in %	W °C	g h/kg L	Garn in kg	Fadenrisse je kg	km je km	km je Riss	Zeitl. F in %	W °C	g h/kg L	Garn in kg	Fadenrisse je kg	km je km	km je Riss
1080,14	11,067	33,2	8,25	0,668	54	25	10,8	376	2,22	0,044	22,53	55	24,7	10,8	460	0,089	0,0018	561,8
1102,91	11,118	33,5	8,29	0,665	60	25	12	52,4	1,35	0,027	37,04	"	"	"	"	"	"	"
1404,90	11,150	36,3	7,18	0,637	63	"	12,65	352,5	2,91	0,058	17,18	63	26	13,40	270	0,15	0,003	329
1395,77	11,220	40,4	5,42	0,596	"	"	"	351,3	3,48	0,070	14,37	"	"	"	452	0,10	0,002	480,77
1442,69	11,542	36,4	6,56	0,606	58	"	11,7	733,4	2,13	0,043	23,47							
1419,80	11,497	36,2	7,42	0,633														
1020,30	10,606	29,5	8,30	0,705														
1027,41	10,747	29,2	10,65	0,708	59	23	10,45	317,5	1,84	0,037	27,17	65	23	11,5	460	0,229	0,005	218,34
948,74	10,565	28,3	10,26	0,717	61	25	12,15	124	2,73	0,055	18,32	"	"	"	"	"	"	"
986,45	10,699	27,9	13,45	0,721	55	24,7	10,8	10	1,7	0,034	29,41							
1017,58	10,780	29,7	11,96	0,703	64	24	12	9	2	0,040	25							
1049,97	10,960	26,5	9,03	0,735	63	25	12,65	94	2,86	0,057	17,48							
996,63	10,740	25,1	13,46	0,749	55	24,7	10,8	105	1,14	0,023	43,86							
994,83	10,629	27,9	11,72	0,721	"	"	"	101,5	1,77	0,035	28,25							
1058,89	10,718	25,8	6,87	0,742														
924,91	10,090	26,1	6,72	0,739	68	24	12,9	39,7	2,71	0,054	18,45	59	24	11,15	2,76	0,232	0,005	215,52
945,34	10,743	28,5	6,94	0,715	62	26	13,1	21,8	3,46	0,069	14,45	71	23	12,6	460	0,235	0,005	212,77
1005,73	10,609	30,9	5,76	0,691	"	"	"	56,5	1,28	0,026	39,61							
1000,99	10,672	33,3	9,90	0,667	53	23	9,4	157	2,80	0,056	17,86							
1000,27	10,920	27,8	9,19	0,722														
1008,35	10,796	30,8	8,76	0,692	62	26	13,1	59	1,05	0,021	47,62							
995,89	10,840	27,9	10,61	0,721	55	24,7	10,8	54	1,31	0,026	38,16	58	27	13	1302	0,179	0,004	277,8
986,22	10,105	31,5	12,19	0,685														
983,68	10,669	21,6	12,46	0,784														
1032,29	0,959	30,4	8,71	0,696	63	25	12,65	83	1,54	0,031	32,47	59	25	11,9	2,76	0,232	0,005	215,52
1046,15	0,785	30,0	9,042	0,7	58	²2	9,65	460	2,45	0,05	20,41	"	"	"	"	"	"	"

Verlag von R. Oldenbourg, München und Berlin

CN	Ni	SP	B	V/g	Stw	F%	W °C	g W/kg	N/s	Nji	N·S in % d. Nji	p	m	Fadenrisse je Kötzer	Km je Riss	D in g	Um in g
76	2	12		6,3/1	KS EB	62	26	13,1	17 Z	16	13,2	—	—	—	—	—	307,77	277,64
77	"	13	3x8 fach	13,08/1	R 72	36	23	6,45	"	15,15	12,25	67	2278	0,347	0,152	6,57	328,48	294,35
78	"	"	2x6 "	"	"	38	24	7,25	"	16,1	14,25	60,26	2049	0,394	0,192	5,20	283,52	252,37
79	1	14		6/1	"	35,2	25	7	12 Z	11,5	10	64	1536	0,39	0,254	3,94	448,30	420,51
80	"	"		"	KS,SB	49	24	8,8	"	11,86	13,52	41,8	1003	0,12	0,12	8,36	444,75	415,4
81	"	15		9,23/1	R 72	36	"	6,75	"	10,95	19,23	61,88	1485	0,245	0,165	6,06	448,36	409,41
82	"	16		11,4-3/1	"	"	28	8,65	"	11,74	9,74	60,91	1462	0,186	0,127	7,86	435,75	403,35
83	"	17	V+-0,4	16/1	"	36,6	24	6,85	"	11,86	9,57	64,2	1541	0,824	0,535	1,87	435,80	400,53
84	"	18	"	"	"	36,5	23	6,45	"	11,7	16,6	62,14	1539	0,267	0,179	5,59	391,27	347,98
85	"	19	+-0,5	"	"	36	22	5,9	"	"	8,9	63,18	1516	0,883	0,575	1,74	439,63	407,26
86	"	20		12/2	"	34	26	7,2	"	11,9	11,05	61,36	1473	0,26	0,17	5,9	449,42	423,64
87	"	21		13,39/2	"	34,6	25	6,9	"	"	15,4	61,82	1484	0,27	0,182	5,5	449,45	395,76
88	3	22		4,55/1	KS,SB	57	24	8,9	10 Z	10,3	14,7	53,88	1078	1,044	0,969	1,03	406,21	366,78
89	"	"		"	"	58	25	11,8	"	"	12,15	54	1080	1,217	1,127	0,89	393,31	353,91
90	"	"		4,54/1	"	56	24	10,6	"	"	20,4	"	"	0,7	0,648	1,54	430,03	392,64
91	"	23		5/1	R 72	37	26	7,85	"	9,6	11,4	53,4	1568	1,81	2	0,5	476,26	444,58
92	"	24		9,04/1	"	41	22,5	7,05	"	9,86	10,46	54	1080	0,888	0,823	1,21	421,32	384,2
93	"	25	SK	11,11/1	"	41,5	"	7	"	9,35	13,85	53,9	1078	0,826	0,766	1,31	406,35	366,29
94	"	"	LK	"	"	38,5	24	7,3	"	"	16,55	"	"	0,694	0,656	1,553	436,65	404,67
95	"	26		11,76/1	"	33	25	6,6	"	10	12,76	53,2	1064	0,8	0,752	1,33	395,41	356,43
96	"	23		10/2	"	36	24	6,75	"	9,4	8,43	54	1080	1,809	1,679	0,600	426,85	409,53
97	"	24		18,18/2	"	37	"	7	"	9,9	10,4	"	"	1,527	0,707	1,414	397,67	362,44
98	1	27		5,56/1	R 64	46	"	8,7	25 S	25,3	12,3	21,13	1057	0,26	0,246	4,064	204,02	186,82
99	"	28		7,35/1	"	53	25	10,65	"	23,5	24	22,37	1186	0,315	0,283	3,53	205,01	185,18
100	"	29		8,35/1	"	57	24	10,8	"	24,3	15,9	23	1150	0,355	0,309	3,24	197,32	181,76
101	"	30		10/1	"	37	"	7	"	25,2	13,9	21,76	1088	0,32	0,3	3,4	199,58	184,26

D×E in mg	R in Km	U in %	U₀ in %	G	Umspulerei							Zettlerei						
					F in%	W °C	g W/Kgl	Garn in Kg	Fadenrisse je Kg.	je Km	Km je Riss	F in%	W °C	g W/Kgl	Garn in Kg	Fadenrisse je Kg.	je Km	Km je Riss
13 70,99	10,546	39,4	13,85	0,694														
1794,94	11,168	3,6	9,7	0,684														
1514	9,64	31,8	10,28	0,682														
2832,12	10,759	23	18,73	0,77	65	24	12,25	94	0,67	0,028	35,82							
2770,79	10,674	22,4	11,55	0,776	7,1	23	12,6	573	1,18	0,049	20,34	60	26	12,75	712,5	0,101	0,042	237,62
3241,64	10,761	26,5	24,66	0,735	55	24,7	10,8	587	0,59	0,025	40,66	56	2,4	10,6	608,4	0,094	0,003	32,432
2692,94	10,458	22,6	13,79	0,774	65	24	12,25	90	1,09	0,046	22,02							
2728,11	10,459	37,8	20,65	0,612	7,1	23	12,6	98	2,31	0,096	10,39							
2136,33	9,39	33,7	13,34	0,663														
2690,54	10,55	28,9	18,35	0,711														
2808,88	10,79	17,4	13,23	0,826	7,1	26	15,1	114	1,09	0,045	22,43							
2791,08	10,79	29,0	15,01	0,719														
2384,45	8,12	39,7	7,00	0,603	65	24	12,25	66	0,98	0,049	20,41	61	"	11,45	333	0,141	0,007	147,84
2249,73	7,87	36,9	7,32	0,631	62	"	11,7	80,5	1,49	0,044	22,82							
2657,58	8,60	44,6	5,91	0,556	65	"	12,25	66	0,98	0,049	20,41							
2890,69	9,57	22,0	10,38	0,78	65	"	"	63	3,11	—	6,43							
2544,77	8,43	40,1	10,09	0,599	68	25	13,7	82	1,7	0,085	11,77							
2364,96	8,13	51,9	9,85	0,481	63	"	12,65	88	1,55	0,078	12,82							
2584,97	8,733	30,6	7,32	0,694	"	"	"	97	1,27	0,064	15,63							
2301,29	7,908	33,6	15,27	0,664	69	24	13	458	1,75	0,088	11,43	63	25	12,65	336,5	0,137	0,007	142,86
2552,56	8,537	19,3	11,80	0,807	62	"	11,7	71	1,20	0,035	28,34							
2322,39	7,953	24,1	9,73	0,759	65	"	12,25	73	1,42	0,091	14,08							
938,49	10,201	31,1	7,33	0,684														
906,14	10,251	34	15,09	0,660														
805,06	9,866	25,6	10,67	0,744														
844,22	9,979	20,2	6,94	0,798														

Verlag von R. Oldenbourg, München und Berlin

ON	Mi	SP	B	V/f	Stw	F%	W °C	gW/kgL	N/s	N/i	NS in %d. N/i	p	m	Fadenrisse je Kötzer	Am	km je Riss	
102	1	30		10/1	R64	58	24	10,9	26,5	24,8	15,3	21,76	1088	0,34	0,313	3,20	19
103	"	31		10,42/1	"	58,6	27,3	13,4	"	24,3	15,9	21,7	1085	0,35	0,323	3,10	19
104	"	"		"	P75	58	27	13	"	24,9	14,8	21,96	1098	0,261	0,238	4,20	19
105	"	32		10,87/1	R64	53	25,7	11,15	"	25,6	16,4	18,35	918	0,66	0,719	1,39	19
106	"	"		"	P75	60	24	11,3	"	24,2	"	18,25	913	1,086	1,19	0,84	21
107	"	33		"	R64	50	25	10	"	24,3	19,8	18,32	916	0,18	0,2	5,10	20
108	"	"		"	P75	62	26	13,1	"	23,9	14,4	19,95	976	0,471	0,471	2,12	21
109	3	34		11,36/1	R64	54,5	25	12	"	24,05	13,85	19,20	960	0,12	0,125	8	20
110	"	"		"	"	53	25,5	11,7	"	24	14,4	19	950	2,034	0,203	4,72	19
111	"	"		"	"	54,5-24		10,25	"	24,2	17,5	19,20	960	3,17	0,317	3,03	20
112	1	"		"	"	51	25,5	10,5	?	24,1	15,3	21,94	1097	0,191	0,174	5,743	19
113	"	"		"	"	"	"	"	"	24,6	12	21,88	1094	0,118	0,118	9,256	21
114	"	"		"	"	39	24,5	7,6	"	23,8	13	21,76	1088	0,083	0,076	13,106	20
115	"	35		13,89/1	"	59	27	13,25	"	25,7	12,7	19,78	989	0,23	0,233	4,3	19
116	"	36		"	"	58	"	13	"	"	12,8	18,62	931	1,9	2,06	0,49	19
117	"	"		"	P75	"	25	11,7	"	23,6	17,9	18,34	917	1,933	2,174	0,46	20
118	"	37		16,67/1	R64	58,6	23	10,5	"	24,25	11,3	19,2	960	0,68	0,704	1,41	19
119	"	38		12,5/2	"	60,7	24	11,4	"	25,5	11,4	"	"	0,26	0,271	3,69	2.
120	"	39		"	"	62,5	26	13,2	"	24,8	10,5	"	"	0,38	0,4	2,5	21
121	"	40		14,7/2	"	59	24	11,15	"	24,5	15,6	17,55	886	0,318	0,64	2,76	21
122	"	41		16,66/2	"	56	27	12,6	"	24,4	14,2	21,06	1053	0,28	0,266	3,76	18
123	"	42		"	"	59	26	12,55	"	23,1	17,7	"	"	0,40	0,38	2,63	20
124	"	43		12,22/1	P75	53	23	9,4	22,5	21,2	12,7	21,05	962	0,83	0,9	1,12	22
125	"	"		"	R64	55	24,7	10,8	"	22	13,6	21,04	926	0,50	0,544	1,84	22
126	2	"		9,44/1	"	53	27	10,35	17,5	16,5	9,1	29,23	994	0,13	0,126	7,95	28
127	"	"		"	P75	59	25	11,9	"	16,3	14,4	20,93	896	0,27	0,39	2,56	28

y	ON	E in %	D×E in mg	R in km	U in %	Uo in %	G	F in %	W °C	g/h /kgL	ns	GK	GL in m	Pfg pro km	Tm je Pfg
												Weberei			
80	102	4,07	730,77	8,978	23,4	7,25	0,766								
28	103	4,37	841,01	9,623	32,8	13,11	0,672	56	24	10,6	180	88×18/20	20000	0,022	45
19	104	4,29	851,95	9,930	24,9	11,65	0,751	58,5	25	11,8	"	88×20/20 88×22/22	16560	0,22	45,4
88	105	4,20	802,12	9,549	35,7	8,86	0,643	59	24	11,15	"	88×22/22	245	0,038	26
28	106	3,97	833,94	10,003	21,3	19,46	0,787	"	"	"	"	"	277	0,054	18,6
36	107	4,37	911,90	10,435	39,6	14,21	0,604								
07	108	4,07	857,17	10,803	21,3	19,04	0,787	"	"	"	"	"	42	0,167	6
03	109	4,47	912,91	10,212	26,0	11,50	0,740	"	"	"	"	"	726	0,029	35
44	110	4,37	859,58	9,835	32,2	12,33	0,678	55	"	10,4	"	"	17350	0,036	25,8
33	111	4,50	924,35	10,271	31,2	11,46	0,688								
13	112	4,34	836,66	9,900	25,1	15,8	0,749								
13	113	4,32	1016,80	11,769	27,2	12,98	0,722				**Selbstspinner mit gewöhnlichem Streckwerk**				
08	114	4,47	912,77	10,210	23,1	11,41	0,764	53	25	10,6	"	88×18/18	2400	0,07	14,5
95	115	4,11	785,87	9,561	24,2	3,83	0,758	58	24	11,1	"	88×22/22	5100	0,066	15,3
47	116	"	790,11	9,612	34,3	8,20	0,658	58					1665	0,01	10
70	117	4,63	948,46	10,243	23,5	21,52	0,765	54	"	11,15	"	"	337	0,053	19
16	118	4,75	945,68	9,955	37,6	12,71	0,624								
27	119	4,76	961,52	10,100	33,5	8,72	0,665	59	"	"	"	"	724	0,006	158
70	120	4,66	999,43	10,724	25,1	9,19	0,749	"	"	"	"	"	619	0,04	25
43	121	"	989,64	11,619	26,8	9,09	0,732	57	23	10,1	"	"	247	0,036	28
33	122	4	753,48	9,419	20,7	8,94	0,793	58	25	11,7	"	"	742	0,13	76
76	123	4,34	881,41	10,155	29,7	13,59	0,703	58,5	24	11,1	"	"	1837	0,017	57,5
56	124	4,12	921,07	9,837	23,7	11,49	0,763	58	"	"	130	188×20/18-22	137	0,095	10,5
2	125	4,46	992,80	9,794	40,7	9,88	0,593	"	"	"	"	"	226	0,084	12
70	126	5,4	1549,31	9,755	32,1	13,87	0,679								
23	127	5,46	1581	9,245	29,5	13,22	0,705								

Verlag von R. Oldenbourg, München und Berlin

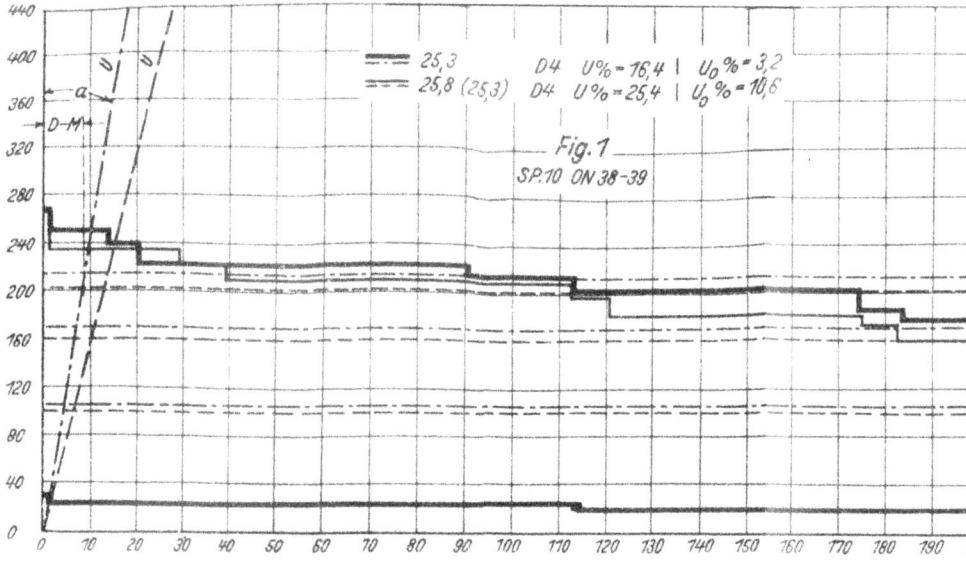

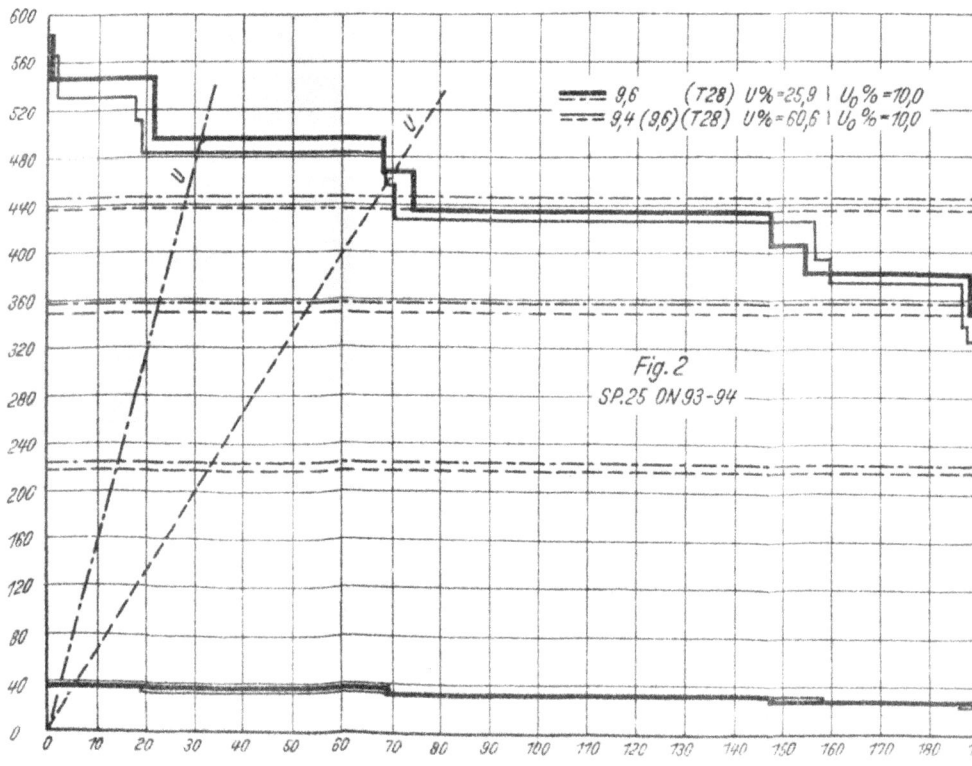

Lindenmeyer, Baumwollverarbeitung

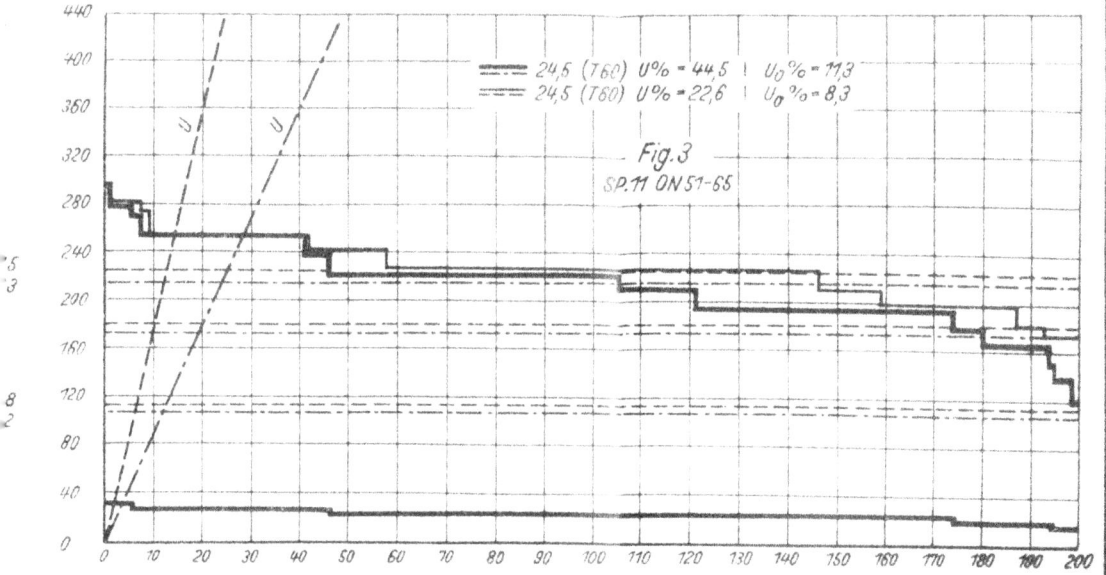

Fig. 3
SP. 11 ON 51-65

24,5 (T60) U% = 44,5 | U₀% = 11,3
24,5 (T60) U% = 22,6 | U₀% = 8,3

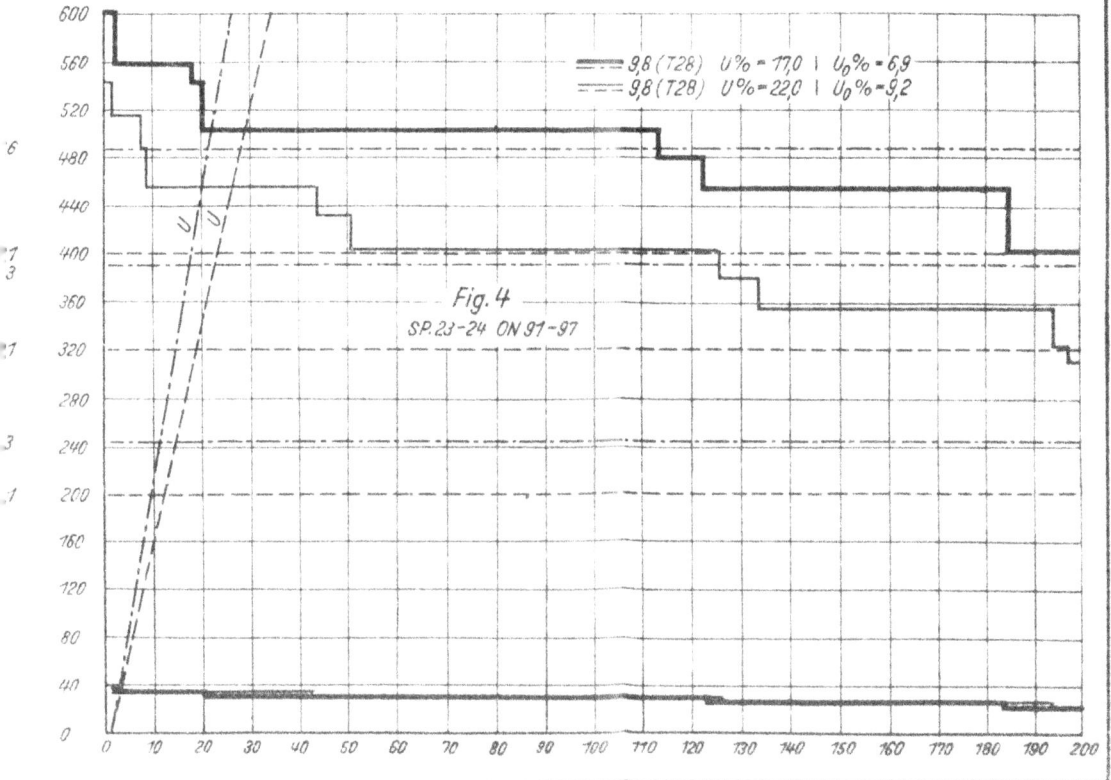

Fig. 4
SP. 23-24 ON 91-97

9,8 (T28) U% = 17,0 | U₀% = 6,9
9,8 (T28) U% = 22,0 | U₀% = 9,2

Verlag von R. Oldenbourg, München und Berlin

ON	1	2	3	4	5	6	7	8
N,vf	25Z/5+2 15,62	=	25Z/2+2 12,5	=	=	=	=	=
ON Stw	38-D4	39-D4	30-D3	34-D3	31-D4	35-D4	32-T40	36-T40
B	Mi 1	Mi 2	S.6,5kg	L.4,2kg	S	L	S	L
G	77,80	73,10	57,50	61,50	53,20	61,00	60,30	61,60
R	10,64	10,65	11,03	11,23	10,68	11,28	11,40	11,83
E	4,37	4,40	5,47	5,59	5,69	5,97	5,75	6,02
ONS	87,70	79,80	89,70	87,60	87,80	85,80	89,10	86,10
KmR	5,01	4,90	3,95	4,42	4,27	4,00	5,41	3,35
aSS	100,00	91,50	89,00	91,00	88,50	95,00	93,50	90,00
Se	285,52	254,35	256,65	261,34	250,14	263,05	265,96	258,90

ON	19	20	21	22	23	24	25	26
N,vf	25Z5+2 12,5	=	10Z/2+1 11,11	=	17Z13+1 13,08	=	25S/5+1 10,42	2,6S/3+1 10,87
ON Stw	11≈17	12≈18	93-R72	94-R72	77-R72	78-R72	103-R64	107-R64
B	6,5	4,2	S	L	3×8	2×6	8873	=
G	57,43	58,45	48,10	69,40	68,40	68,20	67,20	60,40
R	11,16	11,21	8,13	8,73	11,17	9,64	9,62	10,44
E	5,51	5,21	5,82	5,42	5,30	5,34	4,37	4,37
ONS	88,15	86,31	86,15	83,45	87,75	85,75	84,10	80,20
KmR	4,31	4,53	1,31	1,55	6,57	5,20	3,10	5,10
aSS	89,60	90,60	97,00	93,50	92,00	96,00	96,50	92,00
Se	256,16	257,51	246,51	262,55	271,19	270,13	264,89	252,51

ON	37	38	39	39a	40	41	42	43
N,vf	25S/5+1	25S/3+1	25S/2+2	25S/2+1	12S/2 16	12S/1 =	25Z/3+1 12,5	25Z/2+2
ON Stw	25≈31	26,29	34,36	27,30,32	83-R64	84-R64	40÷43GL	34÷37GL
B					w 7400	.	L	L
G	72,70	69,55	72,60	69,60	61,20	66,30	56,80	61,40
R	9,70	10,62	10,44	9,72	10,46	9,39	11,86	11,46
E	4,19	4,22	4,50	4,09	6,26	5,46	5,94	5,88
ONS	85,53	82,90	85,40	84,63	90,43	83,40	85,90	86,13
KmR	3,87	3,61	2,57	0,91	1,87	5,59	5,13	3,89
aSS	96,25	94,25	97,67	91,21	95,50	95,00	87,00	94,00
Se	272,24	265,15	273,68	260,16	265,72	265,14	252,63	262,76

10	11	12	13	14	15	16	17	18
=	2 5 Z/5+2 12,5	-	-	-	-	-	-	-
-T60	44-D3	40-D3	45-D4	41-D4	46-T40	42-T40	47-T60	43-T60
L	S	L	S	L	S	L	S	L
60,40	60,10	56,10	55,20	58,20	54,50	56,90	57,50	55,90
11,89	10,76	10,74	10,95	10,73	11,18	11,07	11,35	10,91
5,93	5,19	5,82	5,51	6,05	5,42	6,00	5,32	5,90
87,40	86,25	89,20	83,50	85,30	87,90	87,30	91,05	81,80
3,77	3,24	5,06	3,71	5,61	3,05	4,72	4,94	5,33
91,50	86,00	93,00	84,00	83,00	96,50	96,50	86,50	84,50
290,89	251,54	259,92	242,87	248,89	258,55	262,49	256,66	244,34

28	29	30	31	32	33	34	35	36
2 5 S/5+1 10,42	2 5 S/3+1 10,87	2 5 S/2+1 -	2 5 S/5+1 13,89	2 5 S/2+1 -	2 5 S/5+2 16,67	2 5 S/2+2 -	2 5 S/7+2 12,5	2 5 S/2+2 -
4-P75	108-P75	106-P75	115-R64	116-R64	122-R64	123-R64	119-R64	120-R64
7760	-	=	8873	-	=	=	=	=
75,10	78,70	78,70	75,80	65,80	79,30	70,30	66,50	74,90
9,93	10,80	10,00	9,56	9,61	9,42	10,16	10,10	10,72
4,29	4,07	3,47	4,11	4,11	4,00	4,34	4,76	4,66
85,20	85,60	83,60	87,30	87,20	85,80	82,30	88,60	89,50
4,20	2,12	6,84	4,30	0,49	3,76	2,63	3,69	2,50
94,50	98,00	100,00	97,75	84,38	100,00	96,33	89,50	99,00
273,22	279,29	277,11	278,82	251,59	282,28	266,06	263,15	281,28

45	46	47	48	49	50	51	52	53
2 5 Z/2+2 -	2 5 Z/3+1 -	2 5 Z/2+2 -	2 5 Z/3+1 -	2 5 Z/2+2 -	2 5 Z/3+1 -	2 5 Z/2+2 -	2 5 S/3+2 14,7	2 Z/5+2 12,
-T60	44÷47GL	30÷33GL	52÷55GL	48÷51-GL	-2÷48	43÷49	121-RJ	86-RJ
	S	-	8500	-			8873	Mi2-7400
58,50	56,80	58,50	61,80	67,60	63,40	64	73,20	82,60
10,11	11,06	11,26	11,35	11,09	11,24	10,98	11,62	10,79
4,65	5,36	5,67	6,24	4,90	5,54	5,28	4,66	6,25
90,20	87,26	89,13	82,80	83,30	85,79	84,69	84,60	88,95
7,80	3,74	4,88	4,28	3,68	4,70	5,06	2,76	5,90
96,75	91,00	91,50	88,60	93,00	91,65	93,00	98,50	100,00
278,01	255,22	260,94	255,07	263,57	262,32	263,01	275,34	294,49

Verlag von R. Oldenbourg, München und Berlin

ON	54	55	56	57	58	59	60	61
NGVf	12Z/13+1 11,4	10Z/5+2 10	10Z/3+1 11,7	5+2	3+1	2SS/5+1 8,35	2SS/3+1 7,35	-
ON Stw.	82-RJ	96-RJ	95-RJ	53,55	54,56	100-RJ	99-RJ	26,2
B	Mi2-7400	Mi3-7400	-			8873	-	
G	77,40	80,70	66,40	81,65	71,90	74,70	66,00	68,
R	10,46	8,54	7,91	9,67	9,19	9,87	10,25	10,
E	6,18	5,98	5,82	6,12	6,00	4,08	4,42	4,
ANS	90,26	91,57	87,24	90,26	88,75	84,10	76,00	80,
KmP	7,86	0,60	1,33	3,25	4,60	3,24	3,53	3,
ASS	100,00	100,00	96,50	100,00	98,25	99,00	99,00	96,
Se	292,16	287,39	265,20	290,95	278,69	274,69	259,20	264,

ON	71	72	73	74	75	76	77	98
NGVf	12Z/13+2 18,18	12Z/5+1 4,55	12Z/13+1 16,67	2SS-5+1 11,36	2SS/5+1 -	2SS/5+1 -	10Z/5+1 4,54	2SZ 12,
ON Stw.	97-RJ	89-KS	118-RJ	109-RJ	110-RJ	111-RJ	90-KS	56-R
B	Mi3	7470		7620	8600	8990	8530	878
G	75,90	63,10	62,40	74,00	87,80	68,80	55,56	70,
R	7,95	7,87	9,96	10,21	9,84	10,27	8,60	10,
E	5,84	5,72	4,75	4,47	4,37	4,50	6,18	4,
ANS	89,60	87,85	88,70	86,15	85,60	82,50	79,60	86,
KmP	1,41	0,89	1,41	8,00	4,72	3,03	1,54	6,
ASS	98,00	92,00	99,00	98,00	98,00	97,50	93,50	92,
Se	278,70	257,43	266,22	280,83	270,33	266,60	244,98	270,

ON	88	89	90	91	92	93	94	95
NGVf	2SS/5+1 10	- 11,36	-	22S/2+1 12,22	17S/2+1 9,44	=	22S/2+1 12,22	2SS 13,8
ON Stw.	102-RJ	112-RJ	113-RJ	125-RJ	126-RJ	127-PT	124-PT	117-7
B	0,99 W/kg L	10,5g W/kg L	10,5g W/kg L		8873	7760		
G	76,60	74,90	72,90	59,30	67,90	70,50	76,30	76,
R	8,98	9,90	11,77	9,79	9,76	9,85	9,84	10,
E	4,07	4,34	4,32	4,46	5,40	5,46	4,12	4,
ANS	84,70	84,70	88,00	86,40	90,90	85,60	87,30	82,
KmP	3,20	5,74	9,26	1,84	7,95	2,56	1,12	0,
ASS	98,50	99,50	100,00	94,00	92,00	94,00	93,50	91,
Se	276,05	279,08	285,55	255,79	273,91	267,97	272,18	265,

63	64	65	66	67	68	69	70
12 Z/2+2 5,56	25 Z/2+1 6,25	25 Z/2+2 12,5	12 Z/5+1 6	12 Z/5+2 =	12 Z/5+2	12 Z/5+1 5	12 Z/3+1 9,09
87-RJ	26 ÷ 29	52 ÷ 55	79-RJ	80-KS	53,67	91-RJ	92-RJ
	GL	GL	7400	6782		Mi 3	
71,90	55,03	61,80	77,00	77,60	80,10	78,00	59,50
10,79	11,68	11,37	10,76	10,67	10,73	9,56	8,43
6,21	6,08	6,27	6,32	6,23	6,24	6,05	6,04
84,60	84,92	83,80	90,00	86,48	87,72	88,60	89,54
5,50	1,56	4,28	3,94	8,36	7,13	0,50	1,22
99,00	88,81	92,68	99,00	100,00	100,00	99,00	96,00
278,00	248,08	260,20	285,02	289,34	291,92	281,71	260,73

80	81	82	83	84	85	86	87
42 Z/5+2 15,28	= =	= =	25 Z/3+1 12,5	= =	= =	" ..	2 55/5+1 10
4-D 50	5-D 60	6-D 76	50-T 40	57-T 50	51-T 60	58-T 70	101-RJ
			S 3		S 3		7g W/kg L
67,70	69,90	66,50	66,80	70,80	66,50	71,70	79,80
13,64	13,08	14,07	11,67	10,75	11,12	10,57	9,98
4,34	4,23	4,45	4,88	4,78	4,96	4,49	4,23
86,70	89,40	85,90	86,80	80,70	87,10	82,90	86,10
2,77	2,74	2,90	3,25	5,10	4,83	3,88	3,40
86,50	91,00	90,00	91,00	97,50	87,00	96,00	100,00
261,65	270,35	263,82	264,40	269,63	261,51	269,54	283,51

97	98	99	100	101	102	103	104
2 25/2+1 12,22	2 55/2+1 13,84	42 Z/5+1 18,67	= =	42 Z/5+2 15,27	= =	30 Z/5+2 17,14	= =
91,94	32,95	7-D 3	8-D 4	2-D 3	3-D 4	11-D 3	12-D 4
		8500	=	=	=	=	=
67,80	71,15	68,80	68,60	69,70	67,70	79,90	76,30
9,82	9,93	12,91	12,68	13,65	13,65	13,26	13,04
4,29	4,37	4,08	4,00	4,31	4,34	4,74	4,61
86,85	84,65	91,30	88,90	88,00	86,70	89,60	92,60
1,48	6,48	3,12	3,26	5,00	4,18	6,10	4,76
92,00	92,75	85,00	91,00	94,50	96,00	100,00	99,00
262,24	263,33	265,21	268,44	275,16	272,57	293,60	290,31

Verlag von R. Oldenbourg, München und Berlin

ON	105	106	107	108	109	110	111	112
N,vf			25Z/5+1 5,56	"	"	"	"	5
ON Stw.	D3-99~103	D4-100~104	59-D3	60-D4	61-T40	62-T60	63 KS,EB	13-KS,EB
B			R1	"	"	"	"	S3
G	72,80	70,87	72,10	70,30	73,50	77,90	72,10	67,10
R	13,27	13,12	10,70	10,78	10,96	10,74	10,63	10,80
E	4,38	4,32	4,61	4,72	4,79	4,64	4,68	4,77
ONS	89,64	89,40	88,90	86,20	87,60	87,20	84,10	83,60
Km R	4,74	4,07	5,16	8,87	6,58	5,68	13,18	13,9
aSS	93,20	95,34	100,00	98,00	98,50	98,00	96,50	97,80
Se	278,03	277,12	281,45	278,87	221,93	281,16	281,19	277,98

ON	123	124	125	126	127	128	129	130
N,vf	25Z/5+1 5,56	25Z	"	"	"	"	25Z/5+1 12,5	
ON Stw.	69-KS,EB	D3	D4	T40	T60	KS,EB	48-D3	RJ
B	S3m-8160	107,115,119	108,116, 120	109,117,121	110,118,122	111,112,114,123	S3	8873
G	72,20	72,10	66,67	76,13	76,70	69,58	68,80	64,15
R	10,92	11,02	10,61	11,02	11,06	10,75	11,08	9,74
E	4,58	4,76	4,81	4,83	4,41	4,71	4,88	4,49
ONS	86,40	87,67	88,90	86,47	87,04	84,55	85,30	85,40
Km R	21,67	5,76	7,30	7,07	5,71	18,01	3,24	3,3
aSS	97,38	97,67	96,84	98,67	98,00	96,00	42,85	88,13
Se	293,15	278,98	275,13	284,69	282,95	283,60	266,20	255,27

ON	141	142	143	144	145	146	147	148
N,vf	25Z/13+1	12,5	"	"	"	25Z/15+1 5	5,56	"
ON Stw.		75-T40	64-RJ			68-KS,EB	70-KS,EB	71-KS,EB
B	R2	"	R2	S3	R2	"	R2-w	R2-m
G	74,00	70,00	74,20	67,93	70,90	66,70	69,20	72,10
R	10,82	10,79	10,72	10,94	10,54	10,67	10,80	10,85
E	4,66	4,85	4,94	4,88	4,81	4,69	4,67	4,59
ONS	84,95	82,20	85,15	86,74	82,52	82,50	82,90	82,90
Km R	5,85	6,05	8,00	4,76	4,28	16,48	21,68	21,74
aSS	97,00	99,00	100,00	87,83	99,67	96,00	95,50	97,00
Se	277,28	272,89	283,01	263,08	275,72	280,04	285,05	289,18

114	115	116	117	118	119	120	121	122
·	·	·	·	·	·	·	·	·
-KS,EB	10 - D_3	17 - D_4	18 - T40	19 - T60	20 - D_3	21 - D_4	22 - T40	23 - T60
3	-8500w	·	·	·	R2, 8500m	·	·	·
66,90	72,70	65,10	70,20	76,50	71,50	64,60	75,10	76,10
10,15	11,19	10,09	10,63	11,13	11,18	10,96	11,18	11,30
4,79	4,84	4,88	4,86	4,78	4,84	4,83	4,83	4,81
84,10	87,60	95,90	85,60	87,40	86,50	84,60	87,70	87,60
23,26	6,10	6,37	7,87	6,67	6,01	6,07	6,76	4,79
95,50	96,50	95,00	98,00	98,50	96,50	97,50	98,50	98,50
45,20	278,43	277,34	285,46	284,98	276,53	269,16	284,67	283,20

132	133	134	135	136	137	138	139	140
25Z/3+1 12,5	25Z/5+1	·	25Z/3+1 12,5	25Z	=	25Z/3+1 12,5	25Z/3+1 12,5	=
5-T60			66 - D_3			67-T40	74-T40	
R1	S3	R1	R1	S3	R1	R1	R2	R1
73,90	73,37	72,70	71,50	69,56	72,70	69,10	69,60	71,50
10,09	10,83	10,79	10,74	11,01	10,54	10,61	10,96	10,35
4,17	4,84	4,69	4,40	4,86	4,42	4,74	4,71	4,46
80,00	89,12	87,48	82,70	87,17	83,54	83,60	82,70	81,80
4,35	6,75	6,57	4,37	4,96	5,10	7,14	6,05	5,75
98,83	97,00	98,62	97,35	94,21	97,77	94,50	94,00	97,25
71,34	281,91	280,85	271,06	271,79	273,92	269,69	268,02	271,11

150	151	152	153	154	155	156	157	158
-	42Z/7+2 7,64	42Z/5+2	30Z/5+1 6,67	25Z/2+1 6,25	25S/5+1 5,56	12Z/1+1 16	10Z/5+1 4,55	25S/5+1 11,36
KS,EB	1-KS,EB	D3, D4	10-KS,EB	27-D4	98-RÖ	85-RÖ	88-KS,SB	114-RÖ
R2	7800	8500	7800	8500	8873	7400m	7400	8786
70,00	69,70	68,70	71,20	62,70	68,90	71,10	59,70	76,90
10,74	11,47	13,22	13,06	11,75	10,20	10,55	8,12	10,21
4,66	4,34	4,18	4,74	6,07	4,60	6,12	5,87	4,47
83,10	89,50	91,22	89,40	84,00	87,70	91,10	85,10	87,00
16,10	14,07	3,89	15,88	2,21	4,06	1,74	1,03	13,11
96,00	95,00	91,50	99,00	93,50	95,50	99,00	89,50	100,00
83,60	280,08	272,71	293,28	259,70	270,96	277,61	249,61	291,69

Verlag von R. Oldenbourg, München und Berlin

Nf	Stw.	SP	Spuler	f	v	ns	Höchst	$\frac{KmR}{Mittel}$	Mit...
25S	RJ	34	I, II, III	5+1	11,36	7620	13,106	7,017	3,0
"	"	31	"	"	10,42	8873	7,850	4,320	2,
n	•	33	I, III	3+1	10,87	8873	7,500	6,300	5,
n	PT	31	I, II, III	5+1	10,42	7760	4,600	4,400	4,
"	RJ	35	"	"	13,89	8873	4,300	4,300	4,
"	"	27	"	n	5,56	"	"	4,180	4,
"	"	38	I, II, III, IV	7+2	12,50	"	4,000	3,845	3,
"	"	41	I, II, III	5+2	16,67	"	3,760	3,430	3,
"	"	28	"	3+1	5,56	"	3,660	3,445	3,
"	"	29-30	"	5+1	8,33–10	"–9280	3,400	3,224	3,
n	"	40	I, II₁, III₁	3+2	14,70	8873	2,860	2,810	2,
n	"	42	I, III₁	2+2	16,67	"	2,630	2,315	2,
n	PT	33	I, III	3+1	10,87	7760	2,120	2,060	
"	RJ	36	I, II₁	2+1	13,89	8873	2,040	2,320	0,6
n	"	37	I, III	3+1	16,67	"	1,800	1,105	1,4
n	"	32	I, III₁	2+1	10,87	"	1,390	1,245	1,1
"	PT	"	"	"	"	7760	0,850	0,845	0,8
•	"	36	I, II₁	"	13,89	"	0,460	0,460	0,
22S	RJ	43	•	"	12,22	8873	1,840	1,245	1,
"	PT	"	"	"	"	7760	1,140	1,130	1,
17S	RJ	"	"	"	9,49	8873	9,000	8,475	7,
"	PT	"	"	"	"	7760	2,560	2,540	2,5
17Z	RJ	13	I, II	3+1	13,08	8786	7,100	5,776	5,
"	KS	12	I, II, III	5+1	6,30	8160	6,570	6,570	6,
12Z	"	14	"	"	6	6782	8,360	8,360	8,
•	RJ	16	"	"	11,43	7400	7,860	7,280	6,
•	"	15	I, II	3+1	9,23	"	7,000	6,530	6,

e.

Stw.	SP	Spuler	f	v	ns	Höchst	km R Mittel	Mindest
RÖ	20	I, II, III	5+2	12,00	7400	6,000	5,950	5,900
"	19	I	1+1	16,00	"	5,900	3,820	1,740
"	18	"	"	"	"	5,590	3,670	1,750
"	21	I, III,	2+2	13,34	"	5,500	5,475	5,350
KS	14	I, II, III	5+1	6	6782	3,940	3,940	3,940
RÖ	17	I, II	3+1	16	7400	2,160	2,015	1,870
"	25	"	"	11,11	"	1,890	1,554	1,220
KS	22	I, II, III	5+1	4,55	8530	1,540	1,540	1,540
RÖ	26	I, II	3+1	11,76	7400	1,330	1,330	1,330
"	24	"	3+2	18,18	"	1,315	1,077	0,815
"	25	"	3+1	11,11	"	1,330	1,320	1,310
KS	22	I, II, III	5+1	4,55	7470	1,200	1,045	0,890
"	"	"	"	"	"	1,030	0,835	0,640
RÖ	23	"	"	5	7400	0,895	0,698	0,500
KS EB	6	"	"	"	8160	19,490	14,920	11,350
"	7	"	"	5,56	"	23,260	18,771	10,800
DS	"	"	"	"	8500	8,870	5,418	4,520
"	9	I, III,	2+1	6,25	"	8,330	2,878	1,070
"	"	I, III	3+2	12,50	"	7,800	3,700	1,080
"	10	I, II, III	5+2	15,62	"	5,010	4,955	4,900
RÖ	11	I, III	3+1	12,50	8786	8,000	7,100	6,200
DS	"	"	"	"	8500	5,650	4,443	3,050
	7 R1	I, II, III	5+1	5,56	"	6,480	5,413	4,390
	7 R2	"	"	"	"	10,700	8,190	6,110
T40	11 R1	I, III	3+1	12,50	"	7,000	5,920	5,250
	11 R2	"	"	"	"	6,120	5,490	4,520

Verlag von R. Oldenbourg, München und Berlin

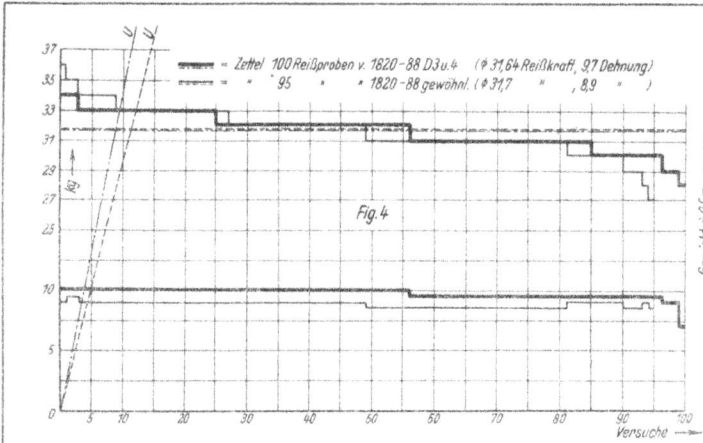

Fig. 4

= Zettel 100 Reißproben v. 1820-88 D.3 u.4   (∅ 31,64 Reißkraft, 9,7 Dehnung)
=   "   95   "   " 1820-88 gewöhnl. (∅ 31,7   "   , 8,9   ")

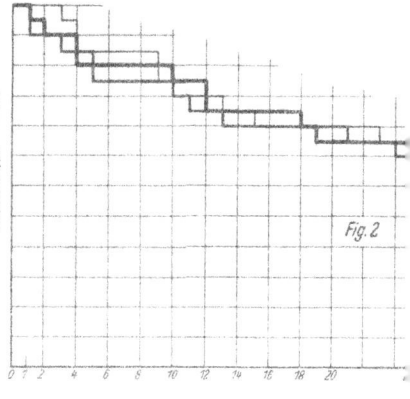

Fig. 2

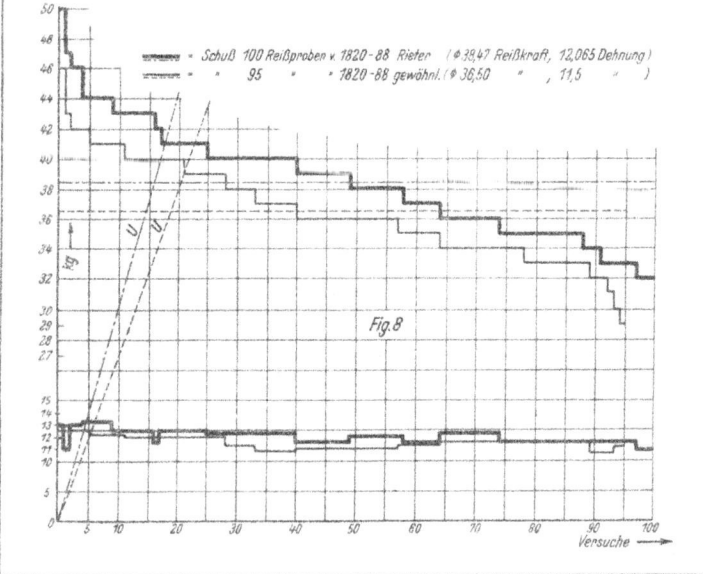

Fig. 8

= Schuß 100 Reißproben v. 1820-88 Rieter (∅ 39,47 Reißkraft, 12,065 Dehnung)
=   "   95   "   " 1820-88 gewöhnl.(∅ 36,50   "   , 11,5   ")

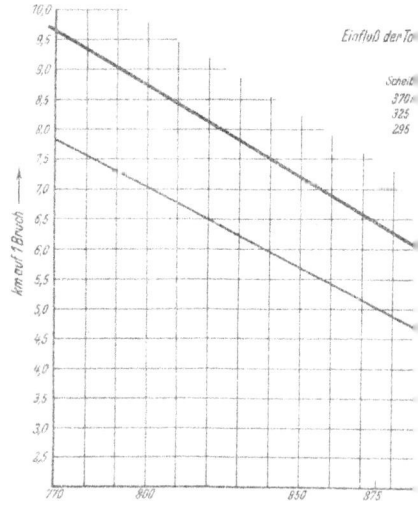

Einfluß der Tor...

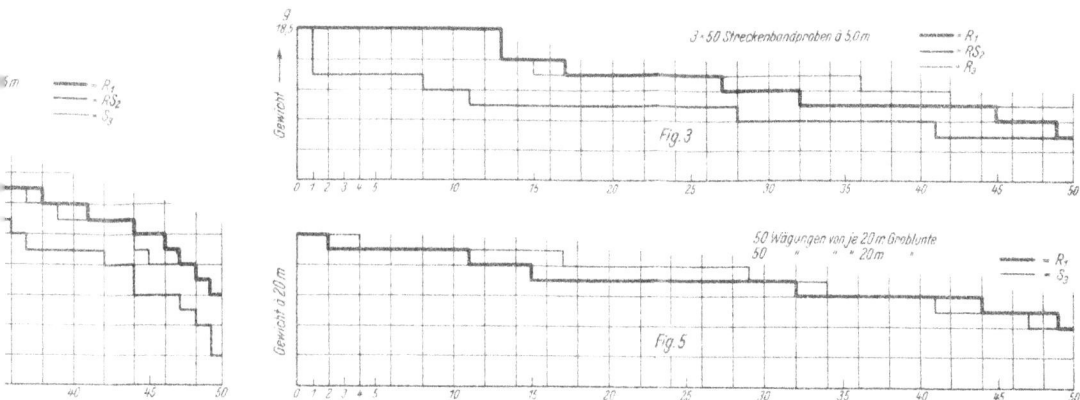

$3 \cdot 50$ Streckenbandproben à 5,0 m

Fig. 3

50 Wägungen von je 2,0 m Grablunte
50 " " " 2,0 m "

Fig. 5

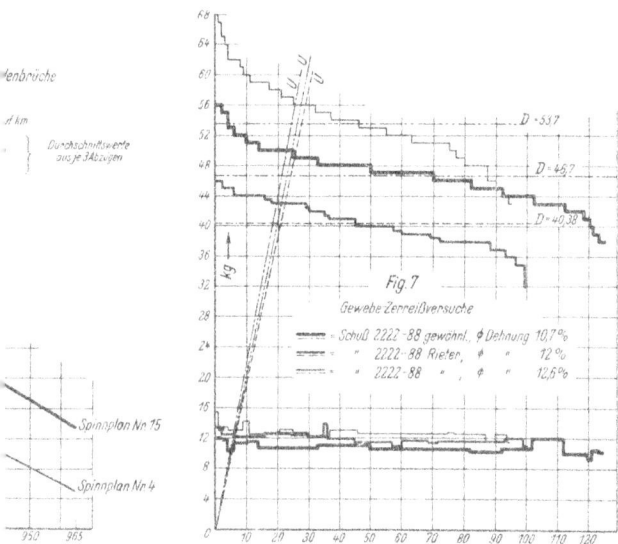

Fig. 7
Gewebe-Zerreißversuche

Schuß 2222-88 gewöhnl., Ø Dehnung 10,7 %
" 2222-88 Rieter, Ø " 12 %
" 2222-88 " Ø " 12,6 %

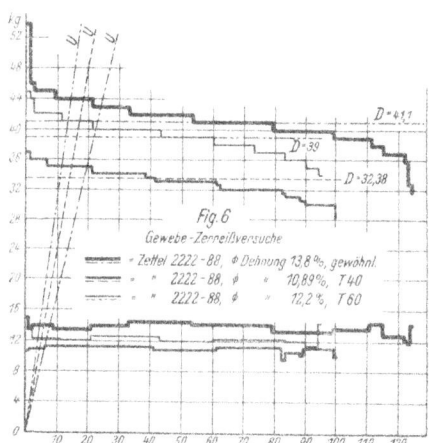

Fig. 6
Gewebe-Zerreißversuche

" Zettel 2222-88, Ø Dehnung 13,8 %, gewöhnl.
" 2222-88, Ø " 10,89 %, T 40
" 2222-88, Ø " 12,2 %, T 60

Verlag von R. Oldenbourg, München und Berlin

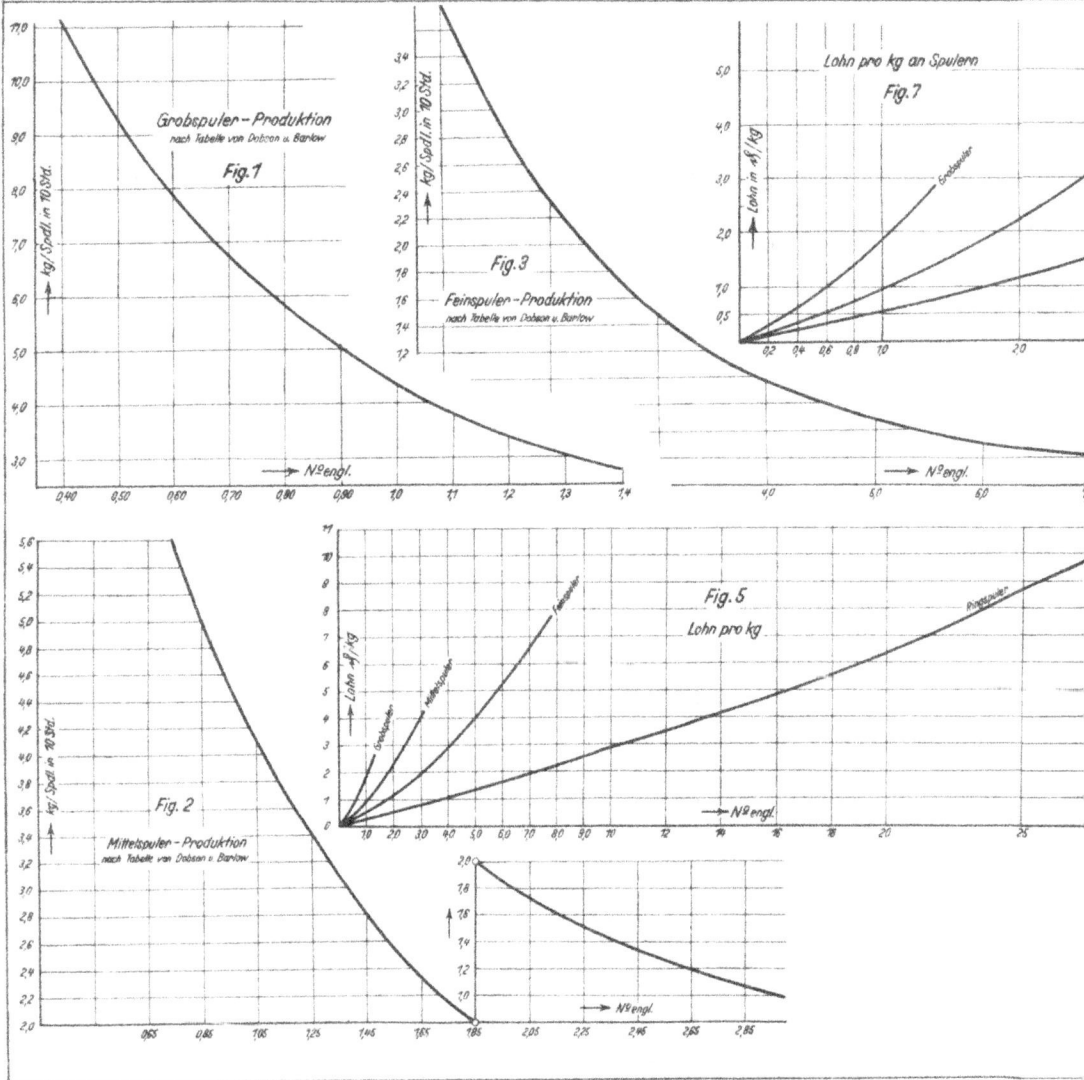

Grobspuler – Produktion
nach Tabelle von Dobson u. Barlow

Fig. 1

kg / Spdl. in 10 Std.

N° engl.

Fig. 3

Feinspuler – Produktion
nach Tabelle von Dobson u. Barlow

kg / Spdl. in 10 Std.

N° engl.

Lohn pro kg an Spulern

Fig. 7

Lohn in ₰ / kg

Grobspuler

N° engl.

Fig. 2

Mittelspuler – Produktion
nach Tabelle von Dobson u. Barlow

kg / Spdl. in 10 Std.

Fig. 5

Lohn pro kg

Lohn ₰ / kg

Grobspuler

Mittelspuler

Feinspuler

Ringspuler

N° engl.

N° engl.

Lindenmeyer, Baumwollverarbeitung

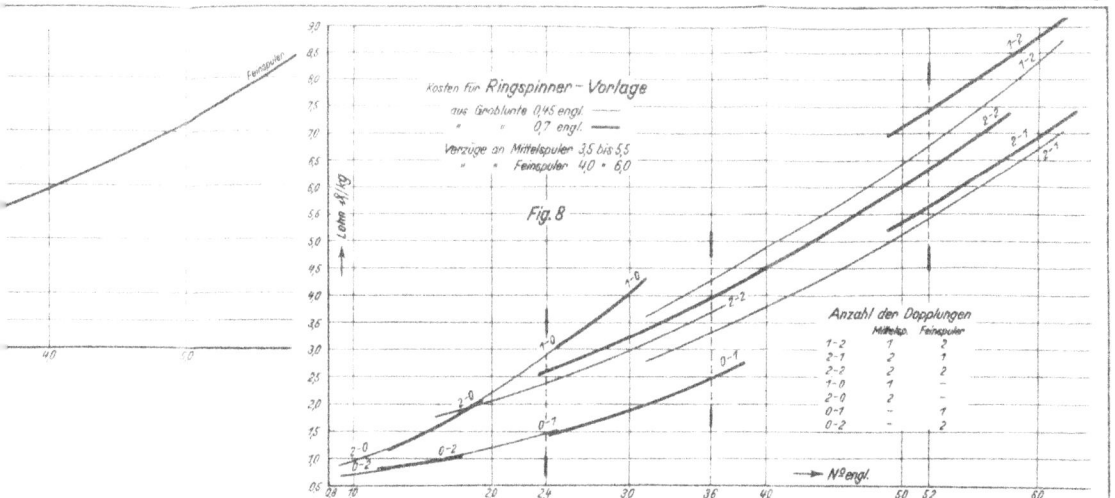

Kosten für Ringspinner-Vorlage
aus Groblunte 0,45 engl. ------
" 0,7 engl. ——
Verzüge an Mittelspuler 3,5 bis 5,5
" Feinspuler 4,0 • 6,0

Fig. 8

Anzahl der Dopplungen

	Mittelsp.	Feinspuler
1-2	1	2
2-1	2	1
2-2	2	2
1-0	1	—
2-0	2	—
0-1	—	1
0-2	—	2

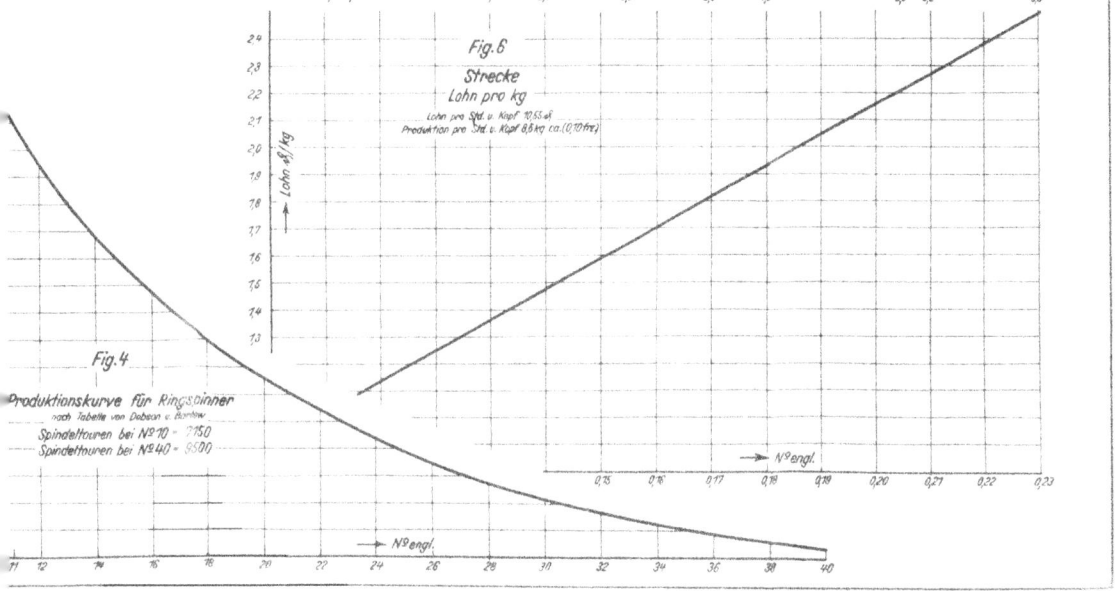

Fig. 6

Strecke

Lohn pro kg

Lohn pro Std. u. Kopf 10,53 ₰
Produktion pro Std. u. Kopf 8,5 kg ca. (0,10 fr.)

Fig. 4

Produktionskurve für Ringspinner
nach Tabelle von Dobson u. Barlow
Spindeltouren bei N° 10 = 7150
Spindeltouren bei N° 40 = 9500

N_{fs}	Bw.	Sp.	Sp.&Rp.	Str.
42_z	Mako	3	35,84	1,45
"	"	1	43,66	"
"	"	2	37,44	"
30_z	"	5	20,76	"
"	"	4	22,35	"
25_z	Amerika	9_{13}	16,04	1,86
"	"	$"_{14}$	"	"
"	"	11	13,71	"
"	"	"	14,45	"
"	"	10	16,85	"
"	"	6	19,49	1,75
"	"	7	18,68	"
"	"	8	18,68	"
17_z	"	12	9,87	1,32
"	"	13	8,78	"
12_z	"	16	6,10	"
"	"	17	5,52	1,08
"	"	20	6,13	1,32
"	"	19	7,28	"
"	"	18	5,52	1,95
"	"	15	6,42	1,32
"	"	14	7,28	1,32
10_z	Sw.	23	5,63	"

kg.

Bw.	SP.	Sp.a Rsp.	Str.	zus.
Vic.	21	7,40	1,43	8,83
"	25	5,32	1,32	6,64
"	22	6,80	"	8,12
"	24	5,38	"	6,70
"	22	6,80	"	8,12
"	23	5,71	"	7,03
Amerika	32	14,50	2,20	16,70
"	31	13,46	1,32	14,78
"	35	14,25	"	15,57
"	30	14,91	"	16,23
"	28	15,33	"	16,65
"	41	14,47	1,65	16,12
"	34	14,03	1,32	15,35
"	29	14,87	"	16,19
"	36	13,13	1,65	14,78
"	37	19,60	1,32	20,92
"	38	16,04	1,86	17,90
"	39	15,87	1,08	16,95
"	27	"	"	"
"	33	14,40	1,25	15,65
"	26	16,68	1,75	20,43
"	42	12,37	1,32	12,69
"	29	13	"	14,32

rlag von R. Oldenbourg, München und Berlin

3 SECHSSPRACHIGE TEXTILWÖRTERBÜCHER

enthält die Sammlung Schlomann-Oldenbourg,
Illustrierte Technische Wörterbücher

Bd. 14: Faserrohstoffe. 510 S., 6350 Wortstellen, 680 Abb.
und Formeln. Gr.-8°. Geb. M. 20.—

Bd. 15: Spinnerei und Gespinste. 598 Seiten, 10500 Wortstellen, 1200 Abb. Gr.-8°. Geb. M. 34.—

Bd. 16: Weberei und Gewebe. 710 Seit., 9005 Wortstellen,
1300 Abb. Gr.-8°. Geb. M. 34.—

Schlomann-Oldenbourg,

Illustrierte Technische Wörterbücher

heißt die Sammlung von wertvollen Spezialwörterbüchern,
die jedes Wort deutsch, englisch, französisch, russisch,
italienisch, spanisch wiedergeben.

2

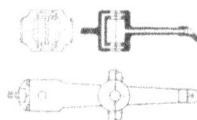

selbstschmierendes Trommellager (n)
self-lubricating tin roller bearing
самосмазывающийся подшип-
ник (м р) барабана
palier (m) du tambour à graissage
automatique
cuscinetto (m) del tamburo autolu-
brificante
soporte (m) de la linterna con engrase
automático / *suport (m) de la llan-
terna amb untadge automàtic*

Jeder Band enthält einen systematischen und einen alphabetischen Teil.
Diese Anordnung macht die **ITW** gleichzeitig zu Wörterbüchern, Sprach-
führern und Nachschlagewerken. Wo immer möglich, ist der Fachausdruck
durch eine Zeichnung oder durch eine Formel erläutert. Das Verständnis
wird dadurch erleichtert. Eindeutigkeit der Übersetzung gesichert. Wissen-
schaftliche Genauigkeit und Vollständigkeit ist durch 2000 Mitarbeiter
des In- und Auslandes gewährleistet. Es erschienen 16 Bände über die
Gebiete: Maschinenbau, Eisenbahnwesen, Transporttechnik, Hüttenwesen,
Bauwesen, Kältetechnik, Faserstofftechnik, Kraftfahrtechnik, Elektro-
technik.

Wohl nirgends ist heute das Zurechtfinden so leicht, die Anordnung so übersichtlich und die
Übertragung so einwandfrei, wie in den **ITW**.

R. OLDENBOURG, MÜNCHEN 32 u. BERLIN W 10

DIE GEWEBEHERSTELLUNG

Unter besonderer Berücksichtigung der Roßhaargewebeherstellung
von Prof. HEINRICH BRÜGGEMANN.

176 Seiten, 7 Tafeln. Gr.-8⁰. 1927.
Brosch. M. 13.—, in Leinen M. 15.—

INHALT: 0. Die Rohstoffe für die Haargewebeherstellung. Das Tierhaar im allgemeinen. — I. Das Pferdehaar: A. Die Einteilung der Roßhaare. B. Die
Form und der Bau des Haares: 1. Die Herstellung der mikroskopischen
Aufnahmen. 2. Das Aussehen des Roßhaares im Längensinn. 3. Das Aussehen der Haarbestandteile unter dem Mikroskop. C. Die kranken Haare,
ihre Ursache und ihre Wirkungen auf die Webfähigkeit. D. Die chemische Zusammensetzung des Haares: 1. Die Zusammensetzung des Hornstoffes: a) Bestandteile des Hornstoffes; b) Die Hornstoffarten. 2. Die
übrigen Bestandteile der Hornmasse. 3. Die Schwankungen der chemi-
schen Zusammensetzung des Haares in Beziehung zum Alter des Tieres.
E. Das chemische Verhalten des Roßhaares. — II. Das künstliche Roßhaar. — III. Die Zubereitung der Roßhaare für den Handel. IV. Der
Handel mit Roßhaaren: 1. Der Handel mit rohen Roßhaaren. 2. Der
Handel mit gezogenem Roßhaar. 3. Die Prüfung der Roßhaare beim Einkauf. 4. Die Prüfung der Gespinste beim Einkauf. — V. Die Roßhaar-
spinnerei. — VI. Das Roßhaarumspinnen: A. Die Arbeitsfolgen. B. Die
einzelnen Arbeitsgrundlagen: 1. Der Antrieb des Laufes des Seelenfadens.
2. Das Zuführen des Roßhaares aus dem Roßhaarbehälter zur Umspinnung.
3. Das Umspinnen des Seelenfadens und Roßhaares. — VII. Die Roßhaargewebe. — VIII. Die Vorbereitung des Roßhaares für seine Verwendung als Kette und Schuß: A. Das Bilden der Knoten im Roßhaar.
B. Die Herstellung der Roßhaarketten. C. Das Roßhaar als Schuß. —
IX. Die Arbeitsgeräte und Maschinen zur Herstellung der Roßhaargewebe:
A. Der Haarreif zur Herstellung der schmalen und kurzen Bänder. B. Der
Roßhaarblattspannstuhl. C. Der Handwebstuhl. D. Der Roßhaarkraftwebstuhl: 1. Der Roßhaarkraftwebstuhl mit Eintragung eines endlosen,
auf eine Spule aufgewickelten Roßhaares 2. Die Kraftwebstühle mit Eintragung abgepaßter Roßhaare: a) Mit einseitiger Roßhaarzuführung in
das Gewebe; b) mit beidseitiger Roßhaareintragung in das Fach. E. Die
Vorrichtungen zum Wechseln des Schusses auf den Roßhaarwebstühlen.
F. Die Schußwächter für Gespinste und Haare ohne und mit Stuhlab-
stellung. — X. Das Ausrüsten der Roßhaargewebe. XI. Geschichtliches
über das Roßhaar und die Haargewebeherstellung. XII. Wirtschaftliches
über das Roßhaar. XIII. Allgemeine wirtschaftliche Lage. — Quellen-
nachweis. — Auskunft.

BETRIEBSLEITUNG DER
BAUMWOLLSPINNEREI

Praktischer Führer für Betriebsleiter, Obermeister usw. Von WM. SCOTT
TAGGART. Nach dem englischen Original übersetzt und erweitert von
WILH. BAUER. 288 Seiten, 17 Abb. 8⁰. 1925. Gebunden M. 11.50

INHALT: Baumwolle — Baumwollballen — Mischung — Ballenöffner — Kasten-
speiser — Öffner- und Schlagmaschine — Die Krempel — Die Strecken
— Kämmaschine und Vorbereitung — Vorspinnerei — Spulbänke —
Die Selbstspinner oder Selfaktoren — Ringspinnmaschinen — Zwirn-
maschinen — Untersuchungen.

R. OLDENBOURG, MÜNCHEN 32 u. BERLIN W 10